高职高专“十三五”规划教材

江苏高校品牌专业建设工程PPZY 2015 B181建设成果

高分子材料分析技术

张　琳　刘志琴　主编

徐云慧　主审

化学工业出版社

·北京·

本书结合高分子材料相关企业的应用需求，从企业典型案例入手，系统化地对高分子材料领域的材料常规鉴别及分析方法进行详述。全书分成高分子材料常规鉴别法、高分子材料化学分析法、高分子材料仪器分析法三部分内容。注重理论知识的同时，更强调在高分子材料领域的实际应用。以生活中的案例引入学习内容，使读者了解高分子材料分析技术的重要性。总结了一些典型企业及科研中的案例，抛砖引玉，便于读者灵活使用各种分析方法。

本书适用于高分子材料相关专业高职及以上学历的学生，也可供相关教师和技术人员参考。

图书在版编目（CIP）数据

高分子材料分析技术/张琳，刘志琴主编. —北京：化学工业出版社，2018.12（2024.9重印）
ISBN 978-7-122-33203-5

Ⅰ.①高… Ⅱ.①张…②刘… Ⅲ.①高分子材料-化学分析-教材 Ⅳ.①TB324

中国版本图书馆CIP数据核字（2018）第242291号

责任编辑：于 卉 提 岩　　文字编辑：向 东
责任校对：杜杏然　　装帧设计：王晓宇

出版发行：化学工业出版社（北京市东城区青年湖南街13号 邮政编码100011）
印 装：北京七彩京通数码快印有限公司
787mm×1092mm 1/16 印张8½ 字数221千字 2024年9月北京第1版第2次印刷

购书咨询：010-64518888 售后服务：010-64518899
网 址：http://www.cip.com.cn
凡购买本书，如有缺损质量问题，本社销售中心负责调换。

定 价：26.00元

前言

材料是所有学科发展的基础。经历了石器时代、青铜器时代、铁器时代等，高分子材料因其优越的性能、较低廉的价格进入人们的生活，并极其迅速地发展渗透到各个领域。同时，由于人们生活水平的提高，对于材料的应用需求推动着高分子材料向功能化等方向发展。近年来，和高分子相关的产业不断升级，中小型企业越来越多，对于高分子材料相关人才的需求也越来越迫切。企业除了需要生产性的专业人才，还需要对生产过程中涉及的原材料进行质量把控，需要对新产品的结构和性能进行准确的表征，这些都涉及高分子材料分析技术。

高分子材料分析技术主要包含原材料的鉴定、原材料和助剂的分析。常用的分析手段主要包括化学分析法和仪器分析法。对于不同的材料需要结合相关的标准进行分析，而高分子材料的准确分析对后续配方设计、工艺设计以及新产品的开发都具有指导性意义。

本书在理论学习的基础上，更加注重实用性操作，所选案例均来自于企业和学科前沿研究。学生通过对本书的学习，结合一些典型案例，能够在未来的工作中灵活应用相关的分析手段。全书内容分成高分子材料常规鉴别法、化学分析法和仪器分析法三部分，这三大类方法涵盖了目前高分子材料分析的所有手段。在编写过程中，注重理论知识体系的构建，同时结合企业实际需求，典型案例的分析除了能够加深学生对理论知识的理解，也帮助学生了解方法在实际工作中的应用，为学生将来从事高分子材料相关工作打下坚实的基础。

本书由徐州工业职业技术学院和兰州石化公司石化研究院联合编写。徐州工业职业技术学院张琳和兰州石化公司石化研究院刘志琴共同担任主编，徐州工业职业技术学院刘琼琼、徐冬梅、赵音、柳峰参编，徐州工业职业技术学院徐云慧主审。其中第一章、第二章、第四章（第五节、第六节）、附录由张琳编写，第三章（第三节）、第四章（第一节、第二节）由刘志琴编写，第三章（第一节、第二节）由刘琼琼编写，第四章（第三节）由赵音、柳峰编写，第四章（第四节）由徐冬梅编写。同时，兰州石化公司石化研究院在编写过程中还提供了一些宝贵的案例和建议，对此表示衷心的感谢。

本书在编写过程中参考了一些专家学者的文献及资料，在此向他们致以诚挚的谢意。由于编者水平有限，书中难免有一些疏漏和不足之处，恳请广大读者批评指正。

编者

2018 年 8 月

目录

第一章 绪论

学习目标

1. 掌握高分子材料的定义、分类方法。
2. 了解高分子材料科学的主要内容、特点和未来发展方向。
3. 了解高分子材料分析技术这门课程的学习方法、内容和意义。

一、认识高分子材料

随着生产和科学技术的发展，人们不断对材料提出各种各样的新要求。高分子材料的出现逐渐满足了人们的需要，并对人类的生产生活产生了巨大的影响。高分子材料是以高分子化合物为基础的一大类材料。高分子材料一般由几千、几万甚至几十万的原子构成，其分子量以几万、几十万甚至几亿来计算。天然高分子材料分布在生活的各个角落，如我们平时接触到的蚕丝、木材等都属于高分子材料。

根据来源不同，高分子材料分成天然高分子材料、合成高分子材料、改性高分子材料。天然高分子材料指的是自然界中本身存在的高分子化合物。如我们平时衣食住行中的棉花、蚕丝、淀粉、天然橡胶等多属于天然高分子材料。合成高分子材料是指通过化学方法将小分子化合物聚合而成的化合物。如我们生活中的合成橡胶、塑料、纤维、黏合剂等都属于合成高分子材料。1870 年，美国人 Hyatt 用硝化纤维素和樟脑制得的赛璐珞塑料，是有划时代意义的一种人造高分子材料。1907 年出现合成高分子酚醛树脂，真正标志着人类应用合成方法有目的的合成高分子材料的开始。1953 年，德国科学家 Ziegler 和意大利科学家 Natta 发明了配位聚合催化剂，大幅度地扩大了合成高分子材料的原料来源，得到了一大批新的合成高分子材料，使聚乙烯和聚丙烯这类通用合成高分子材料走入了千家万户，确立了合成高分子材料作为当代人类社会文明发展阶段的标志。现代，合成高分子材料已与金属材料、无机非金属材料相同，成为科学技术、经济建设中的重要材料。改性高分子材料指的是由于高分子应用领域的不断扩展，通过交联、填充、共混等改性方法对常规高分子材料进行改性而成的材料。如硝化纤维素、橡塑共混材料等。

按照高分子材料的物理形态和用途来分，可分为塑料、纤维、黏合剂、涂料、聚合物基复合材料、聚合物合金、功能高分子材料、生物高分子材料等。

塑料是以高分子量合成树脂为主要成分，在一定条件下（如温度、压力等）可塑制成一定形状且在常温下保持形状不变的材料。塑料都以合成树脂为基本原料，并加入填料、增塑剂、染料、稳定剂等各种辅助料而组成。按照受热时的行为，塑料分为热塑性塑料（加热时变软以至流动，冷却变硬，这个过程可以反复进行）和热固性塑料（第一次加热时可以软化流动，加热到一定温度，产生化学反应——交联固化而变硬，这种变化是不可逆的，此后，再次加热时，已不能再变软流动了）；按树脂合成时的反应类型，塑料分为聚合型塑料（单体的双键在合成时打开生成新的键，反应过程中无低分子产物释出）和缩聚型塑料［树脂是由缩聚反应制得，这种树脂一般是由含有某种官能团（一般最少含有两个官能团）的单体，借官能团之间的反应使单体连接起来而形成的］；按性能和应用范围，塑料分为通用塑料（生产量大、货源广、价格低，适于大量应用的塑料）、工程塑料（性能突出，生产量小，价格较昂贵的塑料）和特种功能塑料（具有某种特殊功能，适于某种特殊用途的塑料，例如用于导电、压电、热电、导磁、感光、防辐射、光导纤维、液晶、高分子分离膜、耐摩擦磨损用途等塑料）；按照分子链的形态，塑料分成无定形塑料（分子链不会产生有序的整齐堆砌形成结晶结构，而呈现无规则的随机排列，在纯树脂状态，这种塑料是透明的）和结晶性塑料（一般所谓的结晶性塑料，实际上都是半结晶的，树脂大分子链排列呈现出无定形相与结晶相共存的状态。成型条件对结晶度和晶态结构有明显影响，从而对制品性能有明显影响）。

橡胶是一类线型柔性高分子材料，分子链柔性好，在外力作用下可产生较大变形，除去外力后能够迅速恢复原状。它的特点是在很宽的温度范围内具有优异的弹性，所以又称弹性体。橡胶按照来源可以分成天然橡胶（它采集橡胶树或者橡胶草等含胶植物中的胶汁，经过去杂质、凝聚、液压、干燥等加工步骤而制成的，其主要成分是异戊二烯）和合成橡胶（各种单体经聚合反应合成的高分子材料）两大类，其中天然橡胶占 1/3，合成橡胶占 2/3；按照性能和用途，橡胶可以分为通用合成橡胶（产量大、应用广、在使用上一般无特殊性能要求的橡胶）和特种合成橡胶（具有特殊性能和特殊用途，能适应苛刻条件下的合成橡胶）；根据橡胶的物理形态，橡胶分成生胶（天然采集、提炼或者人工合成，未加配合剂而制成的原始胶料）、软橡胶（在生胶中加入各种配合剂，经过塑炼、混炼、硫化等加工过程而制成为具有高弹性、高强度和其他实用性能的橡胶产品）、硬橡胶（与软橡胶相比，其生胶中含有大量硫黄，经硫化而制成的硬质制品）、混炼胶（在生胶中加入各种配合剂，经过炼胶机的混合作用后，使其具有所需要的物理机械性能的半成品）、再生胶（以废旧轮胎和其他废旧橡胶制品为原料，经过一定的加工过程而制成的具有一定塑性的循环可利用橡胶）。

纤维是指能保持长度比本身直径大 100 倍的均匀条状或者丝状的高分子化合物。纤维是一类发展比较早的高分子材料，如棉花、蚕丝、麻等属于天然纤维。随着化学反应、合成技术和石油化工工业的不断发展，出现了人造纤维和合成纤维。人造纤维是以天然高分子化合物为原料，经过化学处理和机械加工制成的纤维，常见的人造纤维有黏胶纤维、醋酸纤维、铜氨纤维、蛋白质纤维。合成纤维是用低分子化合物为原料，通过化学合成和机械加工而制得的均匀线条或丝状高聚物，常见的合成纤维有涤纶、锦纶、腈纶、氨纶和丙纶。

涂料是指用特定的施工方法涂覆到物体表面后，经过固化使物体表面形成美观而具有一定强度的连续性的保护膜，或者形成具有某种特殊功能涂膜的一种化工产品。涂料是多组分系，主要有三种组分：成膜物、颜料和溶剂，其中成膜物是关键。目前涂料的主要成膜物分为有机成膜物质和无机成膜物质，而有机成膜物又以树脂为主，如虫胶、松香、硝化棉、酚醛树脂、醇酸树脂、丙烯酸树脂、聚氨酯等。

黏合剂是一种混合料，由基料、固化剂、填料、增韧剂、稀释剂及其他辅料配合而成。其中基料是黏合剂的核心。常用的基料有天然聚合物、合成聚合物和无机化合物三大类。一般来说，分子量不大的高分子都可以作为黏合剂。比如说热塑性树脂聚乙烯醇、聚乙烯醇缩醛、聚丙烯酸酯、聚酰胺等；作为黏合剂的热固性树脂有环氧树脂、酚醛树脂、不饱和聚酯等；作为黏合剂的橡胶有氯丁橡胶、丁基橡胶、丁腈橡胶、聚硫橡胶等。

聚合物基复合材料是由两种或两种以上的物理和化学性质不同的材料组成，并且具有复合效应的多相固体。以聚合物纤维基复合材料为例，具有比较高的比强度和比模量，可以和常用的金属材料进行比较，力学性能相当出色。其抗疲劳强度好，纤维与基体的界面能够阻止裂纹的扩展，在破坏前有明显的征兆。减震性能好，其振动阻尼很高。耐高温，适宜做烧蚀材料。安全性好，纤维数量大，材料超载时载荷可以重新分配到其他纤维上。成型工艺简单，可设计性强。

聚合物合金指的是把两种或两种以上聚合物按一定的方式组合起来形成的不同于原组分聚集态结构与性能的新材料。聚合物合金有很多种类型，但一般指塑料与塑料共混以及在塑料中掺混橡胶的共混物，可称为塑料合金。塑料合金由于冲击强度大幅度提高，也可以称为橡胶增韧塑料。按照聚合合金制备过程中是否发生化学反应分成物理共混及化学共混。

二、高分子材料科学

高分子材料科学与传统学科不同，它既是一门基础科学又是一门应用科学。在基础化学一级学科中，高分子与无机、有机、分析、物化并列为二级学科；而在应用性的材料科学中，高分子材料与金属材料和无机非金属材料共同组成重要的三个领域。

高分子材料科学的主要内容包括以下几个方面：①研究高分子材料的化学组成、结构与性能之间的关系，开发及制备新材料，研究新的聚合方法；②研究高分子材料结构、分子运动形态、凝聚态变化规律及材料性能之间的关系；③研究和开发材料的新合成方法，加工工艺对材料结构、性能的影响。

目前高分子材料已被广泛应用于生活、生产、科研和国防等各个领域，成为我国科学研究的一个重点领域。高分子材料科学体现出三大发展特点。

① 高分子材料已由传统的有机材料向具有光、电、磁、生物和分离效应的功能材料延伸。高分子结构材料正朝着高强度、高韧性、耐高温、耐极端条件的高性能材料发展，为航天航空、近代通信、电子工程、生物工程、医疗卫生和环境保护等各个方面提供各种新型材料。为此高分子家庭诞生了很多新成员，例如：光电转换功能高分子制成的高分子太阳能电池，质子传导高分子材料制成的燃料电池交换膜，聚合物代替电解质制成储能电池，用高分子材料再生和重建有生命的组织和器官。

② 考虑到未来石油资源日渐枯竭，基于可再生的动物、植物和微生物资源的天然高分子将有可能成为未来高分子材料的主要化工原料。其中最丰富的资源有纤维素、木质素、甲壳素、淀粉、各种动植物蛋白质以及多糖等。它们含有多种功能基团，可通过化学、物理方法改性成为新材料，也可通过化学、物理及生物技术降解成单体或低聚物用作化工原料。为解决环境污染问题，生物降解高分子材料的研究和废弃高分子材料的回收利用也成为重要研究方向。

③ 新型高分子材料加工方法不断探索。通过研究在加工成型过程中材料结构的形成与演变规律，实现对材料形态的调控。对于一些功能性材料和自组装材料的加工研究成为目前高分子材料加工领域的新兴研究领域。

三、分析技术在高分子材料领域的应用

高分子材料在生活中无处不在，人们对高分子材料的依赖性日益增强。高分子材料的主要成分是聚合物和添加剂，随着高分子材料的不断发展，聚合物和添加剂的品种越来越多，配方越来越复杂，而聚合物和添加剂的种类和用量直接影响材料的各种性能。

聚合物是由许多单个的高分子链聚集而成，因此结构有两方面的意义：①单个高分子链的结构；②许多高分子链聚在一起表现出来的聚集态结构。链结构中的结构单元的化学组成、连接顺序、立体构型、支化、交联、高分子链构象和分子量大小，聚合物的结晶形态等对高分子材料的力学性能、热学性能、加工性能等影响较大。

高分子材料中的添加剂（又称助剂）是为了使其顺利成型加工或者为了获得所需性能而添加到材料中的化学物质。时至今日，助剂已发展成一个独立的工业部门。它的品种繁多，在高分子材料中应用范围广，消耗量大。以塑料助剂为例，现有30多个功能类、200多种化合物、4000多个牌号。高分子材料在进行配方设计时，一般根据使用和加工需求选择一种或者多种助剂复配使用。助剂根据是否能和聚合物发生反应分成反应型助剂和非反应型助剂，但是由于高分子化学反应的不确定性，助剂的种类及用量对材料的结构及性能影响很大。

高分子材料分析技术主要是利用化学分析和仪器分析等手段，分析测试材料的组成、微观结构、宏观结构、聚合物反应及加工过程中的结构变化等，并通过大量数据的搜集整理，掌握高分子材料性能与结构之间的关系、结构与加工之间的关系、添加剂种类及用量与高分子材料性能之间的关系，为后期有针对性地设计配方和加工条件提供参考依据。高分子材料分析技术主要实现以下目的：

① 聚合物结构鉴定；

② 聚合物分子量及分布测定；

③ 高分子材料加工流动性测试；

④ 聚合物聚集态结构及形貌表征；

⑤ 高分子材料热性能分析；

⑥ 聚合物反应和变化过程监控；

⑦ 添加剂定性定量分析。

四、本课程学习内容

本课程学习的内容主要包括高分子材料常规鉴别法、化学分析法、仪器分析法，结合生产和科研中的具体产品和案例，学习生产中常见原材料和添加剂的定性定量分析，产品配方分析，高分子材料形态分析。掌握最常见的几种近代测试分析方法，例如：红外光谱法、凝胶渗透色谱法、热重分析法等的测试原理、仪器结构、测试方法及步骤、试样制备。通过对案例和结果分析，了解其在高分子领域的实际应用。

思考与练习

1. 请你谈谈高分子材料在国民生产中的重要性。

2. 高分子材料种类繁多，按照用途来看分成哪几类，并举例说明。

3. 请你查阅相关资料，谈谈未来高分子材料的发展趋势，这些发展将会给生活带来哪些改变?

4. 常用的高分子材料分析方法有哪些? 为什么要对高分子材料进行定性定量分析，请结合具体案例说明。

第二章

高分子材料常规鉴别法

学习目标

1. 能够根据被鉴定对象选择合适的鉴定方法。
2. 掌握常见的高分子材料外观特征、燃烧现象、密度、溶解性。
3. 掌握浸渍法、比重瓶法测定聚合物密度的原理和方法。
4. 掌握裂解法鉴定高分子材料的原理及方法。
5. 了解常见高分子材料的用途。
6. 了解不同高分子材料的显色鉴定法。

【引入】

案例 1

某塑料企业因为经营不善需要停业重整，现在整理仓库时发现由于员工的管理不当，造成很多原料包装破损不能辨识，同时设备料斗没有清空，无法分辨其成分。已知仓库原有聚丙烯（PP）、高密度聚乙烯（HDPE）、低密度聚乙烯（LDPE）、酚醛树脂（PF）、聚氯乙烯（PVC）、乙烯-乙酸乙烯共聚物（EVA）、尼龙（PA）、三元乙丙橡胶（EPDM）等几种原料，现需要对其进行重新分类并贴上标签，该如何对这几种材料进行准确鉴别？

案例 2

某塑料企业响应国家节能环保号召，新上了一个废旧塑料回收再加工项目，但是在实际操作过程中发现，回收的塑料品种杂乱，需要提前进行分拣归类，该如何区分不同种类的塑料？

案例 3

王先生去批发市场买羊毛衫，在购买时就材质是否是纯羊毛的还是化纤的和店家产生了争论，王先生该如何鉴别衣服到底是羊毛的还是化纤的呢？

【分析】

上述案例中涉及的材料均为高分子材料。不同高分子材料的化学结构不一样，但是如果通过分析化学结构来对材料进行鉴别区分，虽然可行，但是花费的时间长、成本高。因此如何通过较快、较准确的方法来对材料进行区分鉴别尤为重要。本章主要介绍了高分子材料的常规鉴别方法，通过这些方法能够对常用的材料进行较快区分。

第一节　外观及用途鉴别法

根据应用不同高分子材料大致可以分为塑料、橡胶、纤维、高分子基复合材料、高分子胶黏剂、高分子涂料几大类。

橡胶是一类线型柔性高分子聚合物。主要利用其高弹性作为缓冲或者密封材料。其分子链间次价力小，分子链柔性好，在外力作用下可产生较大形变，除去外力后能迅速恢复原状。

纤维分为天然纤维和化学纤维。前者指蚕丝、棉、麻、毛等。后者是以天然高分子或合成高分子为原料，经过纺丝和后处理制得。纤维的次价力大、形变能力小、模量高，一般为结晶聚合物。

塑料是以合成树脂或化学改性的天然高分子为主要成分，再加入填料、增塑剂和其他添加剂制得。使用条件下材料处于玻璃态或者结晶态，主要利用其刚性、韧性作为结构材料。其分子间次价力、模量和形变量介于橡胶和纤维之间。

高分子胶黏剂是以合成天然高分子化合物为主体制成的胶黏材料。

高分子涂料是以聚合物为主要成膜物质，添加溶剂和各种添加剂制得。

高分子基复合材料是以高分子化合物为基体，添加各种增强材料制得的一种复合材料。它综合了原有材料的性能特点，并可根据需要进行材料设计。

在鉴别和区分高分子材料时如果能够事先了解该材料的来源、用途、外观特点和使用特性，能够大大缩短鉴定的时间和工作量。

一、高分子材料的外观鉴别法

高分子材料的外观鉴定需要通过长期的经验积累，眼看、手摸，有时候还需要通过听其落地声音进行鉴别。高分子材料的外观鉴定主要观察其透明性、颜色、声音、手感、光泽等几方面。

1. 透明性

高分子材料的透明性主要和其结晶度有关系。通常结晶度越高，材料的透明性越低，例如高密度聚乙烯的透明性低于低密度聚乙烯的透明性，聚四氟乙烯的结晶度很高，其基本是不透明的。

但是有时候材料的透明性还和添加剂的种类及用量、厚薄有关。同一种材料，厚度越厚，透明性越差，越薄透明性越好。添加剂的加入一般会降低高分子材料的透明性，加得越多，透明性越差。但是也不是绝对的，比如在聚氯乙烯中加入有机锡类的热稳定剂，能制成透明的聚氯乙烯制品。

2. 颜色

大部分的高分子材料在制备过程中由于考虑功能性或者美观性，一般加入各种添加剂或者着色剂，因此只有少数的材料颜色是固定的。民用高分子材料的颜色比工业用品颜色变化更多，因此通过颜色来判断高分子材料的种类不可行，但是好在大部分的聚合物合成后的颜色相对比较固定，所以通过颜色来判断原材料具有一定的参考价值。

3. 声音

对于塑料来说，可以将其摔落地上，听落地声音进行判断。有些塑料落地声音清脆，有些落地声音低沉，有些落地后易碎，有些坚韧。

对于橡胶来说，其柔韧性好，落地后基本上无声，因此用这种方法判断并不实用。

对于纤维来说，主要通过揉搓纤维面料，根据手感和摩擦声音不同来进行不同材料的鉴定。

总体来说，对于塑料、橡胶、纤维这三大类生产及生活中常用的高分子材料，在外观鉴定时略有不同，塑料原料树脂主要根据颜色、透明性等几方面鉴别。纤维鉴别主要是对纺织纤维进行鉴别，通过眼看、手摸、耳听等方式来判断材质是否和服饰标签一致。橡胶制品的颜色可以分为透明（半透明）制品、浅色制品（包括彩色制品）及黑色制品三种，生胶则由于残留催化剂或者杂质含量的不一样导致色泽不稳定，因此通过颜色对橡胶制品或者原材料进行鉴定不可行，橡胶材料鉴别一般结合使用条件进行判断。

常见的一些材料外观特点见表 2-1 和表 2-2。

表 2-1　常见树脂的外观鉴定

树脂名称	形状	颜色	透明性	手感	落地声
聚乙烯	颗粒（主要）和粉末（少量）	粉料为白色；粒料乳白色	透明性和结晶度有关，低密度聚乙烯、线型低密度聚乙烯、高密度聚乙烯为半透明，超高分子量聚乙烯不透明	蜡状，手感滑腻	低沉
聚丙烯	颗粒（主要）和粉末（少量）	粉料为白色；粒料乳白色	半透明	光滑	响亮
聚氯乙烯	粉末	白色	不透明	—	—
聚苯乙烯	颗粒	无色	透明	坚硬	金属声音
聚甲基丙烯酸甲酯	颗粒	无色	透明	易碎	低沉
尼龙	颗粒或者粉末	乳白色微黄	不透明	表面光滑坚硬	低沉
聚甲醛	颗粒或者粉末	白色	不透明	质地坚硬	低沉
聚苯二甲酸乙二醇酯	颗粒	无色	透明	光滑、硬	低沉
聚碳酸酯	颗粒	无色或者微黄	透明	刚而韧	响亮
ABS	颗粒	浅象牙色	不透明	质硬，刚性好	清脆
酚醛树脂	颗粒或粉末	原为无色或黄褐色透明物，市场上销售的产品往往添加着色剂而呈红、黄、黑、绿、棕、蓝等颜色	半透明	—	—

表 2-2　常见纤维鉴定

纤维名称	手感	色泽及声音
棉	温暖、无弹性、柔软和干爽	天然卷曲、光泽暗淡
亚麻	凉爽、无弹性、坚韧、硬挺、粗细不匀	光泽暗淡、色偏黄
蚕丝	凉感、挺爽、柔软、光滑、富有弹性、伸长度适中	光泽明亮柔和，用揉搓产生“丝鸣”的声音
羊毛	温暖有弹性、羊毛粗糙、羊绒细软、干爽蓬松	天然卷曲、末端细、光泽柔和优雅
涤纶	凉感有弹性、光滑	有金属般光泽，色泽淡雅
锦纶	凉感、弹性更好、光滑接近蚕丝	色泽鲜艳，有卷曲
腈纶	温暖感、蓬松、有弹性、干爽、顺滑	蜡感，用牙齿咬有“吱吱”声响
丙纶	干爽、硬挺、顺滑、蜡感	光泽柔和
维纶	弹性差，有凉感	光泽差
氨纶	柔软、弹性好、伸长率高	光泽差

二、高分子材料用途鉴别法

高分子材料的品种繁多，鉴别的时候很难入手，根据材料的使用环境和条件，能够缩小鉴定的范围，大大提高鉴定的效率。

1. 塑料

按照在高温下的流动状态，塑料分成热塑性塑料和热固性塑料。热塑性塑料指的是在一定温度范围内能够反复加热软化、冷却固化的塑料。热固性塑料指的是在一定温度下能够发生化学反应生成不溶不熔的塑料，该塑料再次加热后不会软化和熔融。热塑性塑料和热固性塑料因为其在高温下的特性不一样，因此使用环境也不一样，可以根据这点对其进行简单分类。

根据使用范围和材料性能特点，塑料又可以分成通用塑料和工程塑料。通用塑料产量大，价格低，力学性能一般，主要作为非结构性材料使用，如聚乙烯、聚丙烯、聚氯乙烯、聚苯乙烯、酚醛树脂、脲醛树脂等。与此相反，力学性能优异，产量相对于通用塑料小，价格偏高，能够作为结构材料、机械零件、高强度材料使用的，称为工程塑料。常用的工程塑料有尼龙、聚甲醛、聚碳酸酯、ABS等，还有一些性能更加优异，用于一些特殊的、条件更加苛刻的环境，称其为特种工程塑料，如聚苯硫醚（PPS）、聚砜（PSF）、聚酰亚胺（PI）、聚芳酯（PAR）、液晶聚合物（LCP）、聚醚醚酮（PEEK）、含氟聚合物（PTFE、PVDF、PCTFE、PFA）等。

随着人们环保意识的增强，塑料包装的废旧回收已经成为未来节能的一项有效措施。但是不同的塑料由于性能及加工条件不一样，在塑料再加工之前必须要进行分类处理，对于大多人来说，这项工作很难完成。因此对于一些通用塑料，在出厂之前会在其表面注上标识，类似于塑料的身份证，便于分拣人员对一些常见塑料包装进行分类。该方法由美国塑料协会制定，三个顺时针箭头组成一个三角形，内部标上数字1～7，每个数字代表不同的塑料，具体见表2-3。

表2-3 塑料包装回收标识

塑料标识符号	代表材料种类	常用范围
1 PET	聚对苯二甲酸乙二醇酯	矿泉水瓶、饮料水瓶、桶装水包装
2 HDPE	高密度聚乙烯	洗发水等清洁用品瓶、白色药瓶、啤酒桶
3 PVC	聚氯乙烯	主要用于医用输液袋。目前聚氯乙烯很少用于食品包装
4 LDPE	低密度聚乙烯	一般用于制造各种薄膜，如农用膜、地膜、包装袋、保鲜膜
5 PP	聚丙烯	包装袋、保鲜盒

续表

塑料标识符号	代表材料种类	常用范围
6 PS	聚苯乙烯	碗装泡面盒，白色泡沫快餐盒
7 OTHER	其他	除了以上六种之外的其他塑料

在根据用途进行塑料鉴别时，如果上面没有明显的标识，我们首先应该分析该制品的用途，根据使用要求在所知道的塑料材料中进行筛选，然后再结合该材料的一些其他特点进行鉴别。

以可用于微波炉加热的保鲜盒为例，首先，这种保鲜盒是人们生活中不可或缺的一种制品，产量非常大，价格比较低廉，对其力学要求不是很高，所以该材料应该属于通用塑料。其次，保鲜盒用来盛放食物，所以该材料必须要安全卫生，聚氯乙烯排除，同时该材料透光性好，酚醛树脂和脲醛树脂排除。最后，这种材料能够在微波炉里加热，要具有一定的耐热性，使用最高温度至少要达到100℃以上，只有聚丙烯符合条件。鉴别其他塑料制品材料的时候，也可以参考以上方法进行。

2. 橡胶

实用橡胶目前至少20种，在进行橡胶鉴定时，通过外观法鉴定准确性不高。一般判断橡胶材质时，都从橡胶的用途和使用环境入手分析。

橡胶按其来源方式分成天然橡胶和合成橡胶。按照其性能和用途可以分成通用合成橡胶和特种工程橡胶，常见的通用橡胶有丁苯橡胶、顺丁橡胶、异戊橡胶。通用橡胶的性能和天然橡胶接近，广泛用于轮胎及一些大品种橡胶制品，比如说运输带、胶管、垫片、密封圈、电线电缆等。特种合成橡胶有：丁腈橡胶、硅橡胶、氟橡胶、聚硫橡胶、聚氨酯橡胶、氯醇橡胶、丙烯酸酯橡胶，一般用于一些条件比较苛刻的环境。由于橡胶工业的不断发展，材料性能不断提高，通用橡胶和特种合成橡胶之间的界限没有那么明显，例如氯丁橡胶、乙丙橡胶、丁基橡胶既可以作为通用橡胶也可以作为特种橡胶。

为制品选择合适的橡胶时，除了弹性还要根据使用环境考虑其他性能。而由于结构的不一样，不同橡胶的性能差异较大。下面介绍了几种特殊环境下，可选择的橡胶种类。

(1) 耐油　用于耐油环境的橡胶一般有：丁腈橡胶、氢化丁腈橡胶、氯丁橡胶、氟橡胶、氟硅橡胶、丙烯酸酯橡胶、乙烯-甲基丙烯酸酯橡胶、氯醇橡胶、聚氨酯橡胶及氯磺化聚乙烯。

(2) 耐热　耐热条件下，一般选择丁腈橡胶、乙丙橡胶、卤化丁基橡胶、氯醇橡胶、氯磺化聚乙烯、丙烯酸酯橡胶、氢化丁腈橡胶、氟橡胶及硅橡胶。

(3) 耐寒　耐寒环境下，一般选择顺丁橡胶、硅橡胶、天然橡胶、丁基橡胶、丁苯橡胶和氯化丁腈橡胶。

(4) 耐腐蚀　耐腐蚀性最好的是氟橡胶。

(5) 阻燃　阻燃橡胶内一般都含有卤素原子，如氯丁橡胶和氟橡胶。

(6) 耐辐射　在辐射条件下相对稳定的橡胶有聚氨酯橡胶、丁苯橡胶和天然橡胶。

(7) 低透气性和真空性　透气性低的橡胶有丁基橡胶、丁腈橡胶、氯丁橡胶、氟橡胶和聚异丁烯橡胶。

第二节 密度鉴别法

密度指的是一定温度下，单位体积物体的质量（单位 g/cm³）。密度鉴别法又称比重法，由于不同聚合物的密度不同，可以利用测定聚合物的密度来区分聚合物。但是这种方法一般针对原材料，比如说树脂。而对于成型的制品，由于里面可能添加了一些助剂和填料而影响材料密度，所以不适合对材料的精确区分。同一种聚合物由于分子量及分子量分布差别，聚合物的密度值不是固定的，而是在一个范围内波动。常见聚合物密度见表 2-4。

表 2-4 常见聚合物密度（20～25℃）

名称	密度/(g/cm³)	名称	密度/(g/cm³)
聚丙烯	0.85～0.92	天然橡胶	0.90～0.93
低密度聚乙烯	0.89～0.93	丁苯橡胶	0.94
高密度聚乙烯	0.94～0.98	异戊橡胶	0.94
聚苯乙烯	1.04～1.09	顺丁橡胶	1.93
聚氯乙烯(无添加)	1.35～1.45	氯丁橡胶	1.23～1.28
尼龙 66 尼龙 6	1.12～1.16	丁基橡胶	0.91～0.93
尼龙 12	1.01～1.04	丁腈橡胶	0.96～1.02
聚丙烯腈	1.14～1.17	三元乙丙橡胶	0.85
聚碳酸酯	1.16～1.20	硅橡胶	0.98
聚甲醛	1.42	氟橡胶	1.4～1.95
聚对苯二甲酸乙二醇酯	1.38～1.41	聚硫橡胶	1.34～1.41
聚对苯二甲酸丁二醇酯	1.31	丙烯酸酯橡胶	1.4
聚氨酯	1.05～1.25	氯醇橡胶	1.27
聚乙酸乙烯酯	1.17～1.20	聚甲基丙烯酸甲酯	1.16～1.20
酚醛树脂	1.26～1.28	聚四氟乙烯	2.10～2.30
脲醛树脂	1.47～1.52	聚苯醚	1.08
环氧树脂	1.10～1.40		

一、简易鉴别法

大多时候密度法要结合其他方法一起进行，所以对于材料的密度并不需进行精准测定。这时，我们可以通过配制一些饱和溶液（在常温下，饱和溶液的密度固定），通过判断材料在溶液中的沉浮情况，了解材料的大致密度范围。常用于鉴定高分子材料密度的溶液密度及配制方法见表 2-5。

表 2-5 常用溶液密度及配制方法

溶液的种类	密度(25℃)/(g/cm³)	配制方法
水	1	
饱和食盐溶液	1.19	74mL 水和 26g 食盐
58.4%的乙醇溶液	0.91	100mL 水和 140mL 95%的乙醇
55.4%的乙醇溶液	0.925	100mL 水和 124mL 95%的乙醇
氯化钙水溶液	1.27	100g 的氯化钙(工业用)和 150mL 水

例如：如何区分聚丙烯和高密度聚乙烯。

分析：聚丙烯的密度在 0.85～0.92g/cm^3 范围内，高密度聚乙烯的密度在 0.94～0.98g/cm^3 之间，因此可以选择 55.4%的乙醇溶液进行鉴定，在该种溶液中，聚丙烯上浮，高密度聚乙烯下沉。通过这种方法能够轻易区分这两种聚合物。值得注意的是，该种方法对于泡沫材料、粉末材料或者内部存在气泡缺陷的材料不适用。

二、浸渍法

浸渍法适合除粉末外的无气孔材料。橡胶和塑料均适用于该方法，分别遵照 GB/T 533—2008《硫化橡胶或热塑性橡胶　密度的测定》、GB/T 1033.1—2008《塑料　非泡沫塑料密度的测定　第 1 部分：浸渍法、液体比重瓶法和滴定法》实行，两个标准测试的原理基本相同。

1. 仪器

浸渍法测定材料密度选择的仪器是密度天平（见图 2-1），密度天平由分析天平、浸渍容器（包括烧杯或者其他适于盛放浸渍液的大口径容器）、固定支架（用于称量材料在空气中的质量和用来放置浸渍容器）、水平跨台（用于放置浸渍容器，跨台放在分析天平的秤盘上，不能和秤盘相接触）、金属网（用于在浸渍液中放置试样）、金属丝（用于将金属网挂放在固定支架上）六部分组成。

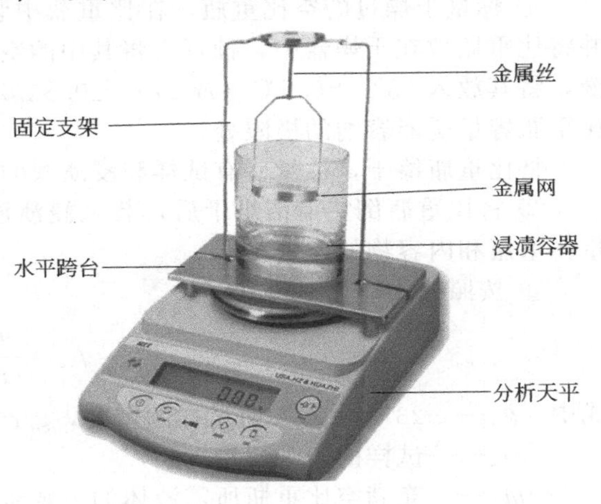

图 2-1　密度天平结构组成

2. 测试原理

将试样放在固定支架上测定试样在空气中的质量 m_1，然后将试样放在金属网内测定试样在水中的表观质量 m_2。

$$\rho=\rho_{液}\frac{m_1}{m_2-m_1}$$

式中　ρ——23℃或者 27℃时，试样的密度，g/cm^3；

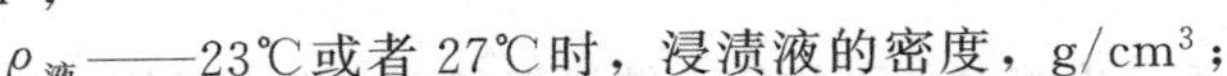

$\rho_{液}$——23℃或者 27℃时，浸渍液的密度，g/cm^3；

m_1——试样在空气中的质量，g；

m_2——试样在浸渍液中的表观质量，g。

说明：由于在密度天平安装过程中，金属网、金属丝连接固定支架，而固定支架放置在天平秤盘上，测试之前只要进行去皮处理，就能忽略固定支架、金属网、金属丝对测试的影响。

3. 试样

试样为除粉料以外的任何无气泡材料，试样尺寸应适宜，以能够放置进金属网为宜。

4. 注意事项

① 对于每个试样的密度，至少进行三次测定，取平均值作为测试结果，结果保留到小数点后第三位。

② 测试时，浸渍液的温度应该控制在 23℃或者 27℃范围内。

三、液体比重瓶法

1. 仪器

天平（精确到 0.1mg）、固定支架、比重瓶（图 2-2）、干燥器。

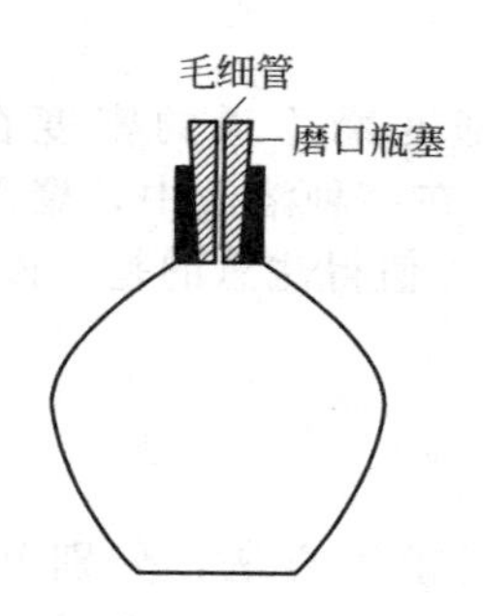

比重瓶是用玻璃制成的固定容积的容器，玻璃具有不易与待测物起化学反应、热膨胀系数小、易于清洗等优点。瓶塞与瓶口密合，两者是通过研磨而相配的。瓶塞上有毛细管，紧盖后，多余的液体会顺着毛细管流出。

图 2-2 比重瓶

2. 试样

试样应为粉末、颗粒或者片状材料，试样的质量应在 1～5g 的范围之内。

3. 测试步骤

① 称量干燥过的空比重瓶，在比重瓶中装上适量的试样，并称重。用浸渍液浸过试样并将比重瓶放在干燥器中，抽真空将其中的空气赶走。中止抽真空，然后将比重瓶装满浸渍液，将其放入 23℃±0.5℃（或 27℃±0.5℃）恒温水浴中恒温，然后将浸渍液准确充满至比重瓶容量所能容纳的极限处。

将比重瓶擦干，称量盛有试样和浸渍液的比重瓶。

② 将比重瓶倒空清洁烘干后，装入浸渍液，再用上述方法排除空气，在测试温度下称量比重瓶和内容物的质量。

③ 按照公式计算材料密度。

$$\rho_s=\frac{m_s\rho_{液}}{m_1-m_2}$$

式中 ρ_s——23℃或 27℃时试样的密度，g/cm^3；

m_s——试样的表观质量，g；

m_1——充满空比重瓶所需液体的表观质量，g；

m_2——充满装有试样的比重瓶所需液体的表观质量，g；

$\rho_{液}$——23℃或者 27℃浸渍液的密度，g/cm^3

4. 注意事项

每个样品至少应测三个试样，计算三次测试的平均值，结果保留到小数点后第三位。

四、滴定法

1. 测试原理

准备两种不同的浸渍液，其中一种浸渍液密度低于被测样品密度，另一种高于被测样品密度。先将样品放入一定体积的低密度的浸渍液中，此时试样沉于液体底部，然后滴加高密度浸渍液，直到样品悬浮于水中，此时混合液的密度约等于样品的密度。

2. 测试仪器

液浴［保证浸渍液的温度恒定在 23℃±0.5℃（或 27℃±0.5℃）］、量筒（250mL）、温度计、容量瓶（100mL）、玻璃棒、滴定管（25mL）。

3. 试样

试样可以是任意形状的固体，无气泡，大小适中，保证放入量筒后不贴壁。

4. 测试步骤

① 用容量瓶准确称量 100mL 较低密度浸渍液，倒入干燥的 250mL 的玻璃量筒中，并

将装浸渍液的量筒放入液浴，恒温到在 23℃±0.5℃（或 27℃±0.5℃）。

② 将试样放入量筒中，搅拌几下，保证试样沉入底部且上面不挂气泡。

③ 当液体的温度到达 23℃±0.5℃（或 27℃±0.5℃）时，用滴灌每次取 1mL 高密度浸渍液加入量筒中，每次加入后，用玻璃棒竖直搅拌，防止产生气泡。

每次加入高密度浸渍液后搅拌，观察试样的现象，起初试样迅速沉底，当加入较多的高密度浸渍液后，下沉速度变慢。这时每次滴加的高密度液体变成 0.1mL。当试样在液体中悬浮且能保持 1min 静止时测试结束，并记录加入的高密度浸渍液的总量。

④ 计算试样悬浮时，混合浸渍液的密度，该密度和试样的密度基本一致。

5. 注意事项

浸渍液不能与试样发生任何反应，选择浸渍液时如果对试样密度的大致范围未知，可以事先选择不同的浸渍液进行初预测。常见的浸渍液密度如表 2-6 所示。

表 2-6　常见浸渍液密度

液体名称	密度/(g/cm³)	液体名称	密度/(g/cm³)
甲醇	0.79	二甘醇	1.11
乙醇	0.79	40%的溴化钠水溶液	1.41
异丙醇	0.79	四氟化碳	1.6
甲苯	0.87	67%的氯化锌水溶液	1.7
水	1.0	1,3-二溴丙烷	1.99
甲基乙二醇乙酸酯	1.0	溴化乙烯	2.18
苯甲醇	1.05	溴仿	2.89

第三节　燃烧及热裂解法

一、燃烧鉴别法

聚合物一般以碳氢元素为主，有的聚合物中会含有氧、氮、硅、卤素原子等，还有的聚合物上带有苯环或者不饱和键。不同的聚合物由于所含元素、基团不一样，燃烧过程中产生的现象也不一样。因此可以根据聚合物在空气中燃烧的难易程度、火焰颜色、是否有烟、烟的颜色、是否熔融滴落以及燃烧过程中产生的气味对其进行区分鉴定。

鉴别时，可以用镊子夹住一小块试样，用煤气灯或者酒精灯在火焰的外焰加热，观察是否易于点燃，时而移开判断试样离火是否继续燃烧。鉴别过程中，需要注意：①为了避免其燃烧残留物对下一种鉴定材料进行干扰，务必在鉴定后对镊子进行擦拭；②观察燃烧现象一定要将试样移离火焰，避免火焰颜色对鉴定进行干扰；③火焰的外焰温度最高，鉴定时，将试样放置在外焰上燃烧；④燃烧过程中产生的气体具有刺激性，部分有毒，燃烧时请在通风场合下完成，并做好相应的防护措施；⑤熔融滴落物可能会引发火灾，因此一定要在操作桌面上铺垫上石棉网。常见聚合物的燃烧现象见表 2-7。

表 2-7　常见聚合物的燃烧现象

聚合物名称	燃烧难易程度	离火后情况	火焰特点	气味	其他现象
聚乙烯	易燃	继续燃烧	上黄下蓝	石蜡燃烧味	熔融滴落
聚丙烯	易燃	继续燃烧	上黄下蓝	石油燃烧味	熔融滴落
聚氯乙烯	难燃	离火自熄	黄色带绿光	HCl 酸味	燃烧后变褐色或者黑色

续表

聚合物名称	燃烧难易程度	离火后情况	火焰特点	气味	其他现象
聚对苯二甲酸乙二醇酯	易燃	继续燃烧	黄橙，冒黑烟	酸甜味	微微膨胀
ABS	易燃	继续燃烧	黄色，黑烟	特殊气味	软化烧焦
聚甲基丙烯酸甲酯	易燃	继续燃烧	淡蓝、顶端白	强花果臭、腐烂蔬菜臭	熔化气泡
聚碳酸酯	缓慢燃烧	慢熄	黄色，黑烟呈炭飞扬	特殊气味、花果臭	熔融滴落
尼龙	缓慢燃烧	缓慢自熄	蓝色，上端黄色	羊毛、指甲烧焦味	熔融滴落，起泡
醋酸纤维素	易燃	继续燃烧	暗黄色，少量黑烟	醋酸味	熔融滴落
聚甲醛	易燃	继续燃烧	上端黄色，下端蓝色	强烈刺激，甲醛、鱼腥味	熔融滴落
脲醛树脂	难燃	自熄	浅黄色，边缘浅蓝绿色	特殊气味并伴有甲醛味	膨胀破裂，燃烧处白色
环氧树脂	缓慢燃烧	继续燃烧	黄色，黑烟	刺激气味	燃烧处变黑
聚乙烯醇	能燃	缓慢自熄	火焰周围有紫色边	醋酸气味	喷出火花
聚四氟乙烯	不燃	—	—	刺鼻味	—
氯化橡胶	难燃	离火自熄	边缘绿色	氯化氢与烧纸味	分解
天然橡胶	易燃	继续燃烧	淡黄色，黑烟	烧橡皮味	变软，发黏
聚氨酯	易燃	继续燃烧	黄橙，冒灰烟	辛辣刺激	熔化，焦化
丁腈橡胶	易燃	继续燃烧	淡黄色火焰，黑烟	蛋白质燃烧味道	残渣无黏性

燃烧鉴定法也可以用来区分不同类型的纤维。常用纤维可以分成三大类，即纤维素纤维、蛋白质纤维及合成纤维。鉴别时，观察纤维接近火焰、在火焰中以及离开火焰后的燃烧特性，结合气味和燃烧后的残留物进行鉴别。其鉴别结果见表 2-8。

表 2-8　三大类纤维燃烧特性

纤维类别	接近火焰	火焰中	离开火焰	残留物形态	气味
纤维素纤维(棉、麻、黏纤)	不熔化不收缩	迅速燃烧	继续燃烧	细腻灰白色	烧纸味
蛋白质纤维(丝、毛等)	收缩	逐渐燃烧	不易延烧	松脆黑灰	烧毛发臭味
合成纤维(涤纶、锦纶、丙纶)	收缩、熔融	熔融燃烧	继续燃烧	硬块	各种特殊气味

二、热裂解法

热裂解法又称干馏试验鉴定法，是在热裂解管中加热聚合物直至热解，然后利用石蕊试纸或者 pH 试纸测试逸出气体的 pH 值来鉴定的方法。常见树脂的分解温度见表 2-9。聚合物在热解时现象也不尽相同，部分树脂的热解现象见表 2-10。裂解后逸出气体的 pH 值见表 2-11。

表 2-9　常见树脂分解温度

树脂名称	分解温度/℃	树脂名称	分解温度/℃
聚乙烯	340～440	聚甲基丙烯酸甲酯	180～280
聚丙烯	320～400	聚丙烯腈	250～350
聚苯乙烯	300～440	尼龙 6	300～350
聚氯乙烯	200～300	尼龙 66	320～400
聚四氟乙烯	500～550	纤维素	280～380

表 2-10　部分树脂热解现象

树脂名称	外观变化	其他现象
聚甲基丙烯酸甲酯	最初不变色，大部分转变为气体，最后变黄	气泡有响声
聚苯乙烯		裂解试管无凝聚液
聚氯乙烯	逐渐降解，最后焦化(炭化)	硝酸银溶液有白色沉淀
醋酸纤维素		硝酸银溶液有白色沉淀
酚醛树脂		硝酸银溶液有白色沉淀
脲醛树脂		熔化
尼龙		起泡有声响
聚乙烯		呈无色油状物
聚乙烯醇	最后变黑	有色烟雾

表 2-11　聚合物裂解后逸出气体的 pH 值

pH 值	聚　合　物
0.5～4.0	含卤素聚合物、聚乙烯基酯类、聚对苯二甲酸乙二醇酯、纤维素酯类、线型酚醛树脂、不饱和聚酯、聚氨酯弹性体
5.0～5.5	聚烯烃、苯乙烯类聚合物、聚乙烯醇及其缩醛、聚乙烯基醚类、聚甲基丙烯酸酯类、香豆酮-茚树脂、聚甲醛、聚碳酸酯、甲基纤维素、苄基纤维素、酚醛树脂、环氧树脂、线型和交联聚氨酯
8.0～9.5	ABS、聚丙烯腈、尼龙、甲酚-甲醛树脂、氨基树脂

第四节　溶解性鉴别法

溶解法是将聚合物放入特定的溶剂中，根据其在溶剂中是否溶解来判断其是何种材料。有些聚合物在溶剂中能够溶解，有些仅能发生溶胀，有些聚合物在溶剂中既不能溶解也不能溶胀。但是溶解性不能作为鉴定试验的绝对准则。即使纯聚合物也表现出不同的溶解性，这是因为溶解或溶胀的难易受到聚合物分子的长度、排列、等规度和结晶度等的影响。表 2-12 列举了部分聚合物的溶解性，可以作为判断材料的依据。

表 2-12　部分聚合物的溶解性

树脂名称	可溶溶剂	不溶溶剂
聚乙烯	二氯乙烯、1,2,3,4-四氢萘、热的烃类	醇类、酯类等
聚丙烯	高温下的芳香烃、氯代烃、四氢萘	醇类、酯类、环己酮
聚乙酸乙烯酯	芳香烃、氯代烃、丙酮、甲醇、醚类	脂肪烃类
聚乙烯醇	水、二甲基甲酰胺	乙醚、醇类、脂肪类、芳香烃、酯类、酮类
聚氯乙烯	二甲基甲酰胺、四氢呋喃、环己酮	醇类、烃类、乙酸丁酯、二氧六环
聚苯乙烯	芳香烃、氯代烃、吡啶、乙酸乙酯、甲乙酮、二氧六环、四氢萘	水、醇类、脂肪烃
ABS	二氯甲烷	醇类、脂肪烃、水
聚丙烯酸酯类	芳香烃、氯代烃、酯类、丙酮、四氢呋喃	脂肪烃类
聚甲基丙烯酸酯类	芳香烃、二氧六环、氯代烃、酯类、酮类	乙醚、醇类、脂肪类
聚酰胺类	酚类、甲酸、浓无机酸	醇类、酯类、烃类
聚碳酸酯	氯代烃、二氧六环、环己酮	醇类、脂肪烃类、水

续表

树脂名称	可溶溶剂	不溶溶剂
聚甲醛	二甲基甲酰胺(150℃)、二甲基亚砜	烃类、醇类
聚对苯二甲酸乙二醇酯	甲酚、浓硫酸、氯苯酚	
聚乙烯醇缩乙醛	醚类、酮类、四氢呋喃	脂肪烃类、甲醇
聚乙烯醇缩甲醛	二氯乙烷、二氧六环、冰醋酸、酚类	脂肪烃类
聚氨酯	四氢呋喃、吡啶、二甲基甲酰胺、甲酸、二甲基亚砜	乙醚、醇类、苯、水
固化酚醛树脂	苄胺(200℃)、热碱	
未固化酚醛树脂	醇、酮类	氯代烃、脂肪烃
不饱和聚酯树脂	酮类、丙烯酸酯类	脂肪烃类
环氧树脂中间体类	醇类、二氧六环、酮类、酯类	烃类、水
醇酸树脂	氯代烃类、低级醇类、酯类	烃类
甲基纤维素	水、稀的氢氧化钠、2-氯乙醇、二氯甲烷、甲醇	丙酮、乙醇等
乙基纤维素	甲醇、二氯甲烷、甲酸、乙酸、吡啶	脂肪烃、芳香烃、水
硝化纤维素	低级醇类、乙酸酯类、酮类	醚、苯、氯代烃类
聚四氟乙烯	碳氟化合物油(例如热的$C_{21}F_{44}$)	所有常用溶剂、沸腾的浓硫酸
聚三氟氯乙烯	热的氟代溶剂(例如2,5-二氯-α-三氟甲苯)	所有常用溶剂
聚氟乙烯	在110℃以上的环己酮、二甲基亚砜、二甲基酰胺中	

注：溶解性试验一般直接在试管中进行。在大约100mg粉末样品中加入10mL溶剂，混匀，有时还要振荡，观察几个小时。在聚合物完全溶解以前常常会产生溶胀。

未硫化橡胶能够溶解于某些有机溶剂之中，其溶解过程分成两个阶段——先溶胀、后溶解，而非一步到位，这个时间特别长。一般的硫化橡胶如常见的氯丁橡胶、丁腈橡胶、天然橡胶、合成天然橡胶、丁基橡胶等，分子量多较大，需要通过炼胶降低分子量，才能溶解于有机溶剂。不同的橡胶，因为极性不同，选用的溶剂也不同。如氯丁橡胶和丁腈橡胶可溶于甲苯、乙酸乙酯等普通溶剂，天然橡胶溶于汽油、二甲苯，丁腈橡胶也溶于二丁酯。但橡胶在溶解前需要经历比较长时间的浸泡。

第五节　显色鉴别法

在一定的条件及不同的溶剂下，高分子材料显现的颜色不一样。常见的显色鉴定方法有：Lieberman-Storch-Morawski 法（李柏曼-斯托希-莫洛夫斯基）、对二甲氨基苯甲醛显色法、吡啶显色法、Burchfield 显色法。

一、塑料显色鉴定

1. Lieberman-Storch-Morawski 法（李柏曼-斯托希-莫洛夫斯基）

Lieberman-Storch-Morawski 法主要用来鉴定树脂。其具体方法是在2mL热乙酸酐中溶解或悬浮几毫克试样，冷却后加入3滴50%的硫酸（由等体积的水和浓硫酸制成），立即观察显色反应，在试样放置10min后再观察试样颜色，再在水浴中将试样加热至100℃，观察试样颜色。此显色反应称为Lieberman-Storch-Morawski 反应。常见的几种树脂的显色反应见表 2-13。

表 2-13　常见的几种树脂的显色反应

树脂	立即显色	10min 颜色	加热到 100℃颜色
酚醛树脂	浅红紫至粉红色	棕色	棕至红色
聚乙烯醇	无色至淡黄色	无色至浅黄色	棕色至黑色
聚乙酸乙烯酯	无色至浅黄色	蓝灰色	棕色至黑色
环氧树脂	无色到黄色	无色到黄色	无色至黄色
聚氨酯	柠檬黄	柠檬黄	棕色至绿荧光

2. 对二甲氨基苯甲醛显色法

具体方法是在一个干净试管中加入 5mg 试样，用小火加热令其裂解，冷却后加 1 滴浓盐酸，然后加入 10 滴 1%对二甲氨基苯甲醛溶液，放置片刻，再加入 0.5mL 左右的浓盐酸，最后用蒸馏水稀释，观察整个过程中的颜色变化。部分树脂对二甲氨基苯甲醛显色结果见表 2-14。

表 2-14　部分树脂对二甲氨基苯甲醛显色结果

树脂	加浓盐酸	加 1%的对二甲氨基苯甲醛溶液	再加浓盐酸	蒸馏水稀释
聚乙烯	无色至淡黄色	无色至淡黄色	无色	无色
聚丙烯	淡黄色至黄褐色	鲜艳的紫红色	颜色变淡	颜色变淡
聚甲基丙烯酸甲酯	黄棕色	蓝色	紫红色	变淡
聚对苯二甲酸乙二醇酯	无色	乳白色	乳白色	乳白色
聚碳酸酯	红色至紫色	蓝色	紫红至红色	蓝色
聚苯乙烯	无色	无色	无色	乳白色
聚甲醛	无色	淡黄色	淡黄色	更淡的黄色
尼龙 66	淡黄色	深紫红色	棕色	乳紫红色
酚醛树脂	无色	微浑浊	乳白至粉红色	乳白色
不饱和醇酸树脂(固化)	无色	淡黄色	微浑浊	乳白色
环氧树脂(未固化)	无色	微浑浊	乳白至粉红色	乳白色
环氧树脂(已固化)	无色	紫红色	淡紫红色至乳粉红色	变淡
醋酸纤维素	棕褐色	棕褐色	棕褐色	淡棕褐色
聚氯乙烯模塑材料	无色	溶液为无色,不溶解的材料为黄色	溶液暗棕至暗红棕色	
氯化聚氯乙烯	暗血红色	暗血红色	暗血红至红棕色	
聚偏二氯乙烯	黑棕色	暗棕色	黑色	
氯乙烯-乙酸乙烯酯共聚物	无色至亮黄色	亮黄至金黄色	黄棕至红棕色	

3. 吡啶显色法

吡啶显色法一般用于鉴定含氯高分子材料。测试前，试样需要经过乙醚萃取，以除去增塑剂。将处理过的试样溶于四氢呋喃，过滤后加入甲醇使之沉淀，将沉淀物在 75℃下干燥。而后将干燥过的少量试样用 1mL 吡啶与之反应，过几分钟后，加入 2%～5%氢氧化钠的甲醇溶液（1g 氢氧化钠溶解于 20mL 甲醇中），立刻观察一下颜色，5min 后再次观察一下颜色。常见含氯高分子材料吡啶显色结果见表 2-15。

表 2-15 常见含氯高分子材料吡啶显色结果

材料	与吡啶和试剂溶液一起煮沸		与吡啶煮沸，冷却后加入试剂溶液		在试样中加入试剂溶液和吡啶，不加热	
时间	即刻	5min 后	即刻	5min 后	即刻	5min 后
聚氯乙烯	红色至棕色	血红，棕色至红色	血红，棕色至红色	红色至棕色，黑色沉淀	红色至棕色	黑色至棕色
氯化聚氯乙烯	血红，棕色至红色	棕色至红色	棕色至红色	红色至棕色，黑色沉淀	红色至棕色	红色至棕色
聚偏二氯乙烯	棕色至黑色	棕色至黑色沉淀	棕色至黑色沉淀	黑色至棕色沉淀	棕色至黑色	棕色至黑色
聚氯乙烯混合料	黄色	棕色至黑色沉淀	白色至浑浊	白色沉淀	无色	无色

二、橡胶显色鉴定

1. Burchfield 显色法

Burchfield 显色法主要用来鉴定弹性体和橡胶。其具体方法如下：第一步在试管中加热 0.5g 试样，将产生的热解气通入 1.5mL 试剂（100mL 甲醇中加入 1g 对二甲氨基苯甲醛和 0.01g 对苯二酚，缓慢加热溶解后，加入 5mL 浓盐酸和 10mL 混合液中）中，观察颜色变化；第二步加入 5mL 甲醇稀释溶液，并使之沸腾 3min，再观察颜色变化。部分弹性体和橡胶的 Burchfield 显色反应结果见表 2-16。

表 2-16 部分弹性体和橡胶的 Burchfield 显色反应结果

名称	热解气和试剂接触后	加入甲醇并沸腾后
天然橡胶	黄棕色	绿—紫—蓝
聚丁二烯	淡绿色	蓝绿色
丁基橡胶	黄色	黄棕色至淡紫色
苯乙烯-丁二烯共聚物	黄绿色	绿色
聚丁二烯	黄绿色	淡黄绿色
硅橡胶	黄色	黄色
聚氨酯橡胶	黄色	黄色
丁苯橡胶	黄绿色	绿色
丁腈橡胶	橙红色	红色
氯丁橡胶	黄色	淡黄绿色
聚氯乙烯	黄色	黄色
聚乙酸乙烯酯	黄色	淡黄绿色

2. 试纸显色法

用于鉴定橡胶种类的试纸主要有对二甲氨基苯甲醛试纸、醋酸铜试纸、硫酸汞试纸。

具体鉴定过程如下：首先将红热的金属棒压在橡胶表面，此时橡胶受热分解产生烟雾，其次将测试试纸和烟雾接触，不同橡胶试纸所表现出来的颜色不一样。常见橡胶在试纸上呈现的颜色见表 2-17。

表 2-17 常见橡胶在试纸上呈现的颜色

橡胶名称	试纸颜色		
	对二甲氨基苯甲醛	醋酸铜	硫酸汞
天然橡胶	蓝—紫色(硫化胶呈绿色)	不变	深棕色
氯化天然橡胶	蓝	紫	不变
丁苯橡胶	黄绿(墨绿)	不变	黑中带黄
顺丁橡胶	蓝	不变	深棕色
氯丁橡胶	绿(蓝)	红(紫)	褐色—黑色
丁腈橡胶	橙(绿)	墨绿	深棕色
丁基橡胶	紫蓝	不变	鲜黄色
溴化丁基橡胶	蓝	紫	不变
异丁橡胶	紫蓝	不变	鲜黄色
聚硫橡胶	绿	不变	黄褐色
聚氨酯橡胶	深黄	不变	不变
聚丙烯酸酯橡胶	浅黄	不变	不变
硅橡胶	不变	不变	不变
环化橡胶	蓝紫	不变	黄
丁钠橡胶	蓝	不变	黑中带黄
丁吡橡胶	蓝中带紫	不变	黑

注：1. 对二甲氨基苯甲醛试纸的制备方法如下：①称取对二甲氨基苯甲醛 3g、对苯酚 0.05g，溶于 1000mL 乙醚中，将滤纸条浸润，自然干燥后放入棕色瓶中；②称取 3g 氯乙酸溶于 1000mL 异丙酮中，倒入上述棕色瓶中，试纸浸渍备用。

2. 醋酸铜试纸制备方法如下：①称取醋酸铜 0.2g、皂黄 0.025g，溶于 50mL 甲醇中，将滤纸条浸润，自然干燥后放入棕色瓶中；②称取盐酸联苯胺 0.05g，溶于 50mL 水的混合液中，加入 0.1%的对苯二酚水溶液 1mL，倒入上述棕色瓶中，试纸浸渍备用。

3. 硫酸汞试纸制备方法如下：称取黄色氧化汞 5g，放入 15mL 硫酸与 80mL 水的混合液中加热沸腾溶解，冷却后稀释至 100mL，将试纸放入该溶液中浸渍备用。

三、纤维显色鉴定

纤维显色鉴定是根据各种纤维对某种化学药品的着色性不同来迅速鉴别纤维品种的方法。纤维显色鉴别试剂有两种：①碘-碘化钾溶液；②1 号着色剂。鉴别时，将试样放在微沸的着色剂中，沸染 0.5～1min。染完后倒去染液，用冷水清洗、晾干。不同纤维对两种着色剂的显色反应见表 2-18。

表 2-18 不同纤维对着色剂的显色反应

纤维种类	1 号着色剂	碘-碘化钾溶液	纤维种类	1 号着色剂	碘-碘化钾溶液
棉	灰	不染色	涤纶	红	不染色
麻	青莲	不染色	锦纶	酱红	黑褐
羊毛	红莲	淡黄	腈纶	桃红	褐色
蚕丝	深紫	淡黄	维纶	玫红	灰蓝
黏纤	绿	黑蓝青	氯纶	—	不染色
铜氨纤维	—	黑蓝青	丙纶	鹅黄	不染色
醋酯纤维	橘红	黄褐	氨纶	姜黄	—

注：1. 碘-碘化钾溶液制备方法如下：将 20g 碘溶解于 100mL 饱和碘化钾溶液中。

2. 1 号着色剂制备方法如下：分散黄 2.0g、直接耐晒蓝 8.0g、蒸馏水 1000g，使用时稀释 5 倍。

思考与练习

1. 高分子材料常规鉴定方法有哪些?

2. 能否通过燃烧鉴定法区分 HDPE、LDPE、LLDPE? 如果不行，该如何对三种材料进行区分?

3. 对于一些添加了助剂的高分子材料来说，通过何种方法鉴定才能够更加精准?

4. 请同学们在生活中寻找五种高分子材料，并通过本章节所学方法对其材料进行鉴别。

5. 请通过最快捷的方法区分 PS、PP、PA、POM、EPDM、PVC、EP 等几种高分子材料。

6. 如何区分 PVC 人造革和 PU 人造革?

7. 浸渍法测定高分子材料密度时，哪些因素会影响最终测试结果?

8. 对于已经染过色的纤维能否采用显色鉴定剂对其进行区分?

9. 瓶底标“7”的高分子材料能否回收利用?

10. 硫化过的橡胶用溶剂法来鉴定时是否需要前期处理? 为什么?

第三章

高分子材料化学分析法

学习目标

1. 掌握化学分析的定义、分类方法。
2. 掌握各种化学分析法的原理、特点、步骤、结果处理方法。
3. 能够根据分析目标选择合适的化学分析方法。

【引入】

碳酸钙是橡胶工业中用量最大的填充剂，它原料易得，价格合理，且可大量填充。碳酸钙随制法不同，有不同品种：如重质碳酸钙、轻质碳酸钙、超细（活性）碳酸钙。重质碳酸钙的粒径在10nm左右，主要起填充增容作用。在一定用量范围内对橡胶物性影响不大，所以在胶料中可以大量填充。轻质碳酸钙粒径在0.5～6nm之间，具有半补强性能。超细（活性）碳酸钙粒径在0.01～0.1nm之间，具有较高的补强性能。

目前应用在橡胶补强中的碳酸钙均为工业碳酸钙，工业碳酸钙中含有一些杂质，这些杂质对橡胶补强无用，甚至当杂质含量过多时反而会影响橡胶的性能。因此在工业生产之前必须要对碳酸钙的纯度进行标定。

【分析】

要对工业碳酸钙的纯度进行标定，首先要了解工业碳酸钙中含有哪些可能存在的杂质，查阅一些相关的资料了解到，目前工业碳酸钙中含有的杂质主要有SiO_2、CaO、$MgCO_3$、Fe_2O_3等，对比碳酸钙和杂质的物理化学性能，然后通过化学方法对其纯度进行定量分析。本章节主要介绍了一些常用的化学分析方法，详述了其分析原理、特点、步骤、结果处理方法等。

化学分析法是以物质的化学反应为基础的分析方法。化学分析法历史悠久，是分析化学的基础，又称经典分析法。它主要采用简单的仪器对物质的组成进行分析，它是使待测组分X在溶液中与试剂R反应，由反应产物XR的质量或消耗试剂R的量来确定待测组分的含量。

$$\underset{(待测组分)}{X} + \underset{(试剂)}{R} = \underset{(反应产物)}{XR}$$

根据具体测定方法的不同，化学分析法又可分为重量分析法和滴定分析法。①重量分析法：重量分析是将待测组分转变为一定形式的难溶化合物XR，通过称量该化合物的质量来计算待测组分X的相对含量的方法；②滴定分析法：滴定分析是根据化学反应中消耗试剂

R 的量（体积）来确定待测组分 X 的相对含量的方法。

根据化学反应判断的对象和分析目的不同，化学分析又可以分为化学定性分析（或定性化学分析，简称定性分析）和化学定量分析（或定量化学分析，简称定量分析）。①定性分析：根据现象和特征鉴定物质的化学组成；②定量分析：根据反应中试样和试剂的用量，测定物质组成中的各组分的相对含量。

第一节　滴定分析法

一、概述

滴定分析法是将一种已知准确浓度的试剂溶液，滴加到待测物质的溶液中，直到所加的试剂与待测物质按照化学计量定量反应为止，然后根据试剂溶液的浓度和消耗的体积，计算待测物质含量的化学方法。在分析过程中，这种已知准确浓度的试剂溶液就是“滴定剂”，将滴定剂从滴定管加入到待测物质溶液的过程称为“滴定”，加入的标准溶液和待测物定量反应完成时，称反应达到了“化学计量点”或者“等当点”。滴定过程中一般通过指示剂的颜色变化来判断滴定结束的时间，该点称为分析“滴定终点”。但是在分析过程中，“滴定终点”和“等当点”不一定完全相同，由此造成的误差，称为“终点误差”。

按滴定反应的类型可分为酸碱滴定法、氧化还原滴定法、配位滴定法和沉淀滴定法等。

滴定分析法操作简单、快速，所用仪器简单，应用很广泛。目前，计算滴定分析的应用又大大地拓宽了滴定分析的范围，简化了分析方法。随着化学计量学方法的不断引入及新型滴定仪器的问世，计算滴定分析将得到进一步的发展并发挥其重要作用。

（一）滴定分析对化学反应的要求

滴定分析是化学分析中主要的分析方法之一，它适用于组分含量在1%以上的物质的测定。化学反应很多，但只有符合下列条件的反应才能适用于滴定分析。

① 反应要完全（完全程度≥99.9%）且是按一定的化学计量关系进行，这是定量计算的基础。

② 反应速率要快。对于反应速率较慢的反应，可通过加热或加入催化剂等措施来加快反应速率。

③ 有适当的方法确定终点。

④ 反应不应受其他杂质的干扰。

（二）滴定分析常用的滴定方式

1. 直接滴定法

用标准滴定溶液直接滴定溶液中的待测组分，利用指示剂或仪器测试指示化学计量点到达的滴定方式，称为直接滴定法。通过标准溶液的浓度及消耗滴定剂的体积，计算出待测物质的含量。例如，用 HCl 标准滴定溶液滴定 NaOH 溶液，用 $K_2Cr_2O_7$ 标准滴定溶液滴定 Fe^{2+} 等。直接滴定法是最常用和最基本的滴定方式。

2. 返滴定法

返滴定法是在待测试液中准确加入适当过量的标准溶液，待反应完全后，再用另一种标准溶液返滴剩余的第一种标准溶液，从而测定待测组分的含量，这种方式称为返滴定法。例如，Al^{3+} 与 EDTA（一种配位剂）溶液反应速率慢，不能直接滴定，可采用返滴定法，即在一定的 pH 条件下，于待测的 Al^{3+} 试液中加入过量的 EDTA 溶液，加热促使反应完全。然后再用另外的标准锌溶液返滴剩余的 EDTA 溶液，从而可计算试样中铝的含量。

3. 置换滴定法

若被测物质与滴定剂不能定量反应，则可以用置换反应来完成测定。向被测物质中加入一种化学试剂溶液，被测物质可以定量地置换出该试剂中的有关物质，再用标准滴定溶液滴定这一物质，从而求出被测物质的含量，这种方法称为置换滴定法。例如，Ag^+与 EDTA 形成的配合物不很稳定，不宜用 EDTA 直接滴定，可将过量的 $Ni(CN)_4^{2-}$ 加入到被测 Ag^+ 溶液中，Ag^+很快与 $Ni(CN)_4^{2-}$ 中的 CN—反应，置换出等计量的 Ni^{2+}，再用 EDTA 滴定 Ni^{2+}，从而求出 Ag^+的含量。

4. 间接滴定法

某些待测组分不能直接与滴定剂反应，但可通过其他的化学反应，间接测定其含量。例如，溶液中 Ca^{2+}几乎不发生氧化还原的反应，但利用它与 $C_2O_4^{2-}$ 作用形成 CaC_2O_4 沉淀，过滤后，加入 H_2SO_4 使其溶解，用 $KMnO_4$ 标准滴定溶液滴定 $C_2O_4^{2-}$，就可间接测定 Ca^{2+}含量。

由于返滴定法、置换滴定法和间接滴定法的应用，大大扩展了滴定分析的应用范围。

（三）溶液的配制

1. 溶液浓度的表示方法

在分析检验工作中，随时都要用到各种浓度的溶液，溶液的浓度通常是指在一定量的溶液中所含溶质的量，在国际标准和国家标准中，溶剂用 A 代表，溶质用 B 代表。分析工作中常用的浓度表示方法有以下几种。

（1）物质的量浓度 c_B 或 c(B) 物质的量浓度是指物质 B 的物质的量 n_B 与相应溶液的体积 V 之比。或 1L 溶液中所含溶质 B 的物质的量（mol）。单位为摩尔每立方米（mol/m^3），常用摩尔每升（mol/L）。

$$c_B = n_B / V$$

式中 c_B——物质 B 的物质的量浓度，mol/L；

n_B——物质 B 的物质的量，mol；

V——混合物（溶液）的体积，L。

凡涉及物质的量 n_B 时，必须用元素符号或化学式指明基本单元，例如：$c(H_2SO_4)=$ 1mol/L H_2SO_4 溶液，表示 1L 溶液中含 H_2SO_4 1mol，即 98.07g。$c\left(\frac{1}{2}H_2SO_4\right)=1$mol/L H_2SO_4 溶液，表示 1L 溶液中含有$\left(\frac{1}{2}H_2SO_4\right)$1mol，即 49.04g。物质 B 的摩尔质量 M_B、质量 m 与物质的量 n_B 之间关系为：

$$m = n_B M_B$$

所以 $m = c_B V M_B$（V 的单位为 L 时）

或 $m = c_B V M_B \times 10^{-3}$（$V$ 的单位为 mL 时）

（2）质量浓度 ρ_B 或 ρ(B) 物质 B 的质量浓度是物质 B 的总质量 m_B 与混合物的体积 V（包括物质 B 的体积）之比。即 1L 溶液中所含物质 B 的质量（g）。单位为千克每立方米（kg/m^3），常用克每升（g/L）。

$$\rho_B = m_B / V$$

式中 ρ_B——物质 B 的质量浓度，g/L；

m_B——溶质 B 的质量，g；

V——溶液的体积，L。

例 $\rho(NH_4Cl)=10g/L$ NH_4Cl溶液，表示1L NH_4Cl溶液中含NH_4Cl 10g。

当浓度很稀时，可用mg/L，μg/L或ng/L表示。

(3) 百分浓度

① 质量百分浓度与质量分数$w(B)$。质量百分浓度指溶质B的质量与混合物（溶液）的质量之比，以$(m_B/m)\%$表示。

$$(m_B/m)\%=\frac{\text{溶质的质量}(m_B)}{\text{溶液的质量}(m)}\times 100\%$$

即100g溶液中所含溶质的质量（g）。

物质B的质量分数是指物质B的质量与混合物（溶液）的质量之比，以$w(B)$表示。

由上面的定义可知物质B的质量分数$w(B)$与质量百分浓度$m_B/m\%$具有相同的含义。

$$w(B)=\frac{\text{物质B的质量}(m_B)}{\text{溶液的质量}(m)}$$

物质B的质量分数是$w(B)$，为无量纲量。例如，$w(HCl)=0.38$，也可以用“百分数”表示，即$w(HCl)=38\%$，市售浓酸、浓碱大多用这种浓度表示。如果分子、分母两个质量单位不同，则质量分数应写上单位，如mg/g、μg/g、ng/g等。

质量分数还常用来表示被测组分在试样中的含量，如铁矿中铁含量$w(Fe)=0.36$，即36%。在微量和痕量分析中，含量很低，过去常用ppm、ppb、ppt表示，其含义分别为10^{-6}、10^{-9}、10^{-12}，现在废止使用，应改用法定计量单位表示。例如，某化工产品中含铁5ppm，现应写成$w(Fe)=5\times10^{-6}$，或5μg/g，或5mg/kg。

② 体积百分浓度与体积分数φ_B或$\varphi(B)$。物质B的体积分数通常用于表示溶质为液体的溶液浓度。它是混合前溶质B的体积除以混合物（溶液）的体积所得比值，称为物质B的体积分数，以$\varphi(B)$表示。物质B的体积分数为无量纲量，常以“%”符号来表示其浓度值。将原装液体试剂稀释时，多采用这种浓度表示，如$\varphi(C_2H_5OH)=0.70$，可量取无水乙醇70mL，加水稀释到100mL。

体积分数也常用于气体分析中表示某一组分的含量。如空气中含氧$\varphi(O_2)=0.20$，表示氧的体积占空气体积的20%。

体积百分浓度$[(V_B/V)\%]$是指混合前溶质B的体积除以混合物（溶液）的体积所得比值，再乘以100%。

实际上物质B的体积分数与体积百分浓度具有相同的含义。

③ 质量体积百分浓度。质量体积百分浓度是以100mL溶液中所含固体溶质的质量（g）表示。例如，10% NH_4Cl溶液表示100mL溶液中含有NH_4Cl 10g。

(4) 体积比浓度 体积比浓度是指A体积液体溶质和B体积溶剂（大多为水）相混合的体积比，常以(V_A+V_B)或A∶B表示。例如(1+5)HCl溶液，表示1体积市售浓HCl与5体积水相混合而成的溶液。有些分析规程中写成(1∶5)HCl溶液，意义完全相同。而质量比浓度是指两种固体试剂相混合的表示方法，例如(1+100)钙指示剂-氯化钠混合指示剂，表示1个单位质量的钙指示剂与100个单位质量的氯化钠相混合，是一种固体稀释方法。同样也有写成(1∶100)的。

(5) 滴定度 滴定度是溶液浓度的一种表示方法，它是指1mL滴定剂溶液（A）相当于待测物质（B）的质量（单位为g），用$T_{B/A}$表示，单位为g/mL。

2. 一般溶液的配制

一般溶液是指非标准溶液，它在分析工作中常作为溶解样品、调节pH、分离或掩蔽离子、显色等使用。配制一般溶液精度要求不高，1～2位有效数字，试剂的质量由架盘天平称量，体积用量筒量取即可。

(1) 质量浓度溶液的配制

【例 3-1】 欲配制 20g/L 亚硫酸钠溶液 100mL，如何配制？

解 $$\rho_B=(m_B\times1000)/V$$

$$m_B=\rho_BV/1000=(20\times100/1000)\text{g}=2\text{g}$$

配法：称取 2g 亚硫酸钠溶于水中，加水稀释至 100mL，混匀。

(2) 物质的量浓度溶液的配制

根据 $c_B=n_B/V$ 和 $n_B=m_B/M_B$ 的关系，

$$m_B=c_BVM_B\times10^{-3}$$

式中 m_B——固体溶质 B 的质量，g；

c_B——欲配溶液物质 B 的物质的量浓度，mol/L；

V——欲配溶液的体积，mL；

M_B——溶质 B 的摩尔质量，g/mol。

① 溶质是固体物质。

【例 3-2】 欲配制 $c(Na_2CO_3)=0.5$mol/L 溶液 500mL，如何配制？

解 $$m(Na_2CO_3)=c(Na_2CO_3)VM(Na_2CO_3)\times10^{-3}$$

$$m(Na_2CO_3)=0.5\times500\times106\times10^{-3}=26.5(\text{g})$$

配法：称取 Na_2CO_3 26.5g 溶于水中，并用水稀释至 500mL，混匀。

② 溶质是浓溶液。

【例 3-3】 欲配制 $c(H_3PO_4)=0.5$mol/L 溶液 500mL，如何配制？[已知浓磷酸：$\rho=1.69$g/mL，$w=85\%$，$c(H_3PO_4)=15$mol/L]

解 溶液在稀释前后，其中溶质的物质的量不会改变，因而可用下式计算：

$$c_{浓}V_{浓}=c_{稀}V_{稀}$$

$$V_{浓}=c_{稀}V_{稀}/c_{浓}=0.5\times500/15=17\ (\text{mL})$$

另一算法：$$m(H_3PO_4)=c(H_3PO_4)V(H_3PO_4)M(H_3PO_4)\times10^{-3}$$

$$=0.5\times500\times98.00\times10^{-3}$$

$$=24.5\ (\text{g})$$

$$V_0=m/(\rho w)=24.5/(1.69\times85\%)=17\ (\text{mL})$$

配法：量取浓 H_3PO_4 17mL，加水稀释至 500mL，混匀。

3. 滴定分析用标准滴定溶液的制备

制备标准滴定溶液的方法一般有两种，即直接法和间接法。

(1) 直接法 准确称取一定量基准物质，溶解后定溶于容量瓶中，用去离子水稀释至刻度，根据称量基准物质的质量和容量瓶体积计算标准溶液浓度。

用于直接法配制标准溶液或标定溶液浓度的物质称基准物质，它必须符合以下要求：

① 纯度达 99.9%以上；

② 组成恒定并与化学式相符；

③ 稳定性高，不易吸收空气中的水分、二氧化碳和发生其他化学变化；

④ 具有较大的摩尔质量。

常用基准物见表 3-1。

表 3-1 常用基准物

名称	化学式	分子量	使用前的干燥条件
碳酸钠	Na_2CO_3	105.99	270～300℃干燥 2～2.5h
邻苯二甲酸氢钾	$KHC_8H_4O_4$	204.22	110～120℃干燥 1～2h

续表

名称	化学式	分子量	使用前的干燥条件
重铬酸钾	$K_2Cr_2O_7$	294.18	研细，100～110℃干燥 3～4h
三氧化二砷	As_2O_3	197.84	105℃干燥 3～4h
草酸钠	$Na_2C_2O_4$	134.00	130～140℃干燥 1～1.5h
碘酸钾	KIO_3	214.00	120～140℃干燥 1.5～2h
溴酸钾	$KBrO_3$	167.00	130～140℃干燥 1.5～2h
铜	Cu	63.546	用 2%乙酸、水、乙醇依次洗涤后，放入干燥器中保存 24h 以上
锌	Zn	65.38	用 HCl、水、乙醇依次洗涤后，放入干燥器中保存 24h 以上
氧化锌	ZnO	81.39	800～900℃干燥 2～3h
碳酸钙	$CaCO_3$	100.09	105～110℃干燥 2～3h
氯化钠	NaCl	58.44	500～650℃干燥 40～45min
氯化钾	KCl	74.55	500～650℃干燥 40～45min
硝酸银	$AgNO_3$	169.87	在浓 H_2SO_4 干燥器中干燥至恒重

（2）间接法 对于不符合基准物质条件如 HCl、NaOH、$KMnO_4$、I_2、$Na_2S_2O_3$ 等试剂，不能用直接法配制标准滴定溶液，可采用间接法。先大致配成所需浓度的溶液，然后用基准物质或另一种标准滴定溶液来确定它的准确浓度，这个过程称为标定，这种制备标准溶液的方法也叫标定法。

标准溶液滴定的浓度准确与否直接影响分析结果的准确度。因此，配制标准溶液在方法、使用仪器、量具和试剂方面都有严格的要求。一般按照 GB/T 601—2016 要求制备标准溶液，它有如下一些规定：

① 制备标准溶液用水，在未注明其他要求时，应符合 GB/T 6682—2008 中三级水的规格。

② 所用试剂的纯度应在分析纯以上。

③ 所用分析天平的砝码、滴定管、容量瓶及移液管均需定期校正。

④ 标定标准滴定溶液所用的基准试剂应是滴定分析工作基准试剂，制备标准滴定溶液所用试剂应为分析纯以上试剂。

⑤ 制备标准滴定溶液的浓度系指 20℃时的浓度，在标定和使用时，如温度有差异，应按 GB/T 601—2016 附录表 2 进行补正。

⑥ “标定”或“比较”标准滴定溶液浓度时，平行试验不得少于 8 次，两人各作 4 次平行测定，每人 4 次平行测定结果的极差（即最大值和最小值之差）与平均值之比不得大于 0.1%，结果取平均值，浓度值取四位有效数字。

⑦ 对凡规定用“标定”和“比较”两种方法测定浓度时，不得略去其中任何一种，且两种方法测得的浓度值之差不得大于 0.2%，以标定结果为准。

⑧ 制备的标准滴定溶液浓度与规定浓度相对误差不得大于 5%。

⑨ 配制浓度等于或低于 0.02mol/L 的标准滴定溶液时，应于临用前将浓度高的标准溶液用煮沸并冷却的水稀释，必要时重新标定。

⑩ 碘量法反应时，溶液的温度不能过高，一般在 15～20℃之间进行。

⑪ 滴定分析用标准溶液在常温（15～25℃）下，保存时间一般不得超过两个月。

标准滴定溶液要定期标定，它的有效期要根据溶液的性质、存放条件和使用情况来确定，表 3-2 所列有效期可作参考。

表 3-2　标准滴定溶液的有效期①

溶液名称	浓度 c_B/(mol/L)	有效期/月	溶液名称	浓度 c_B/(mol/L)	有效期/月
各种酸溶液	各种浓度	3	硫酸亚铁	1;0.64	20d
氢氧化钠	各种浓度	2	硫酸亚铁	0.1	用前标定
氢氧化钾-乙醇	0.1;0.5	1	亚硝酸钠	0.1;0.25	2
硫代硫酸钠	0.05;0.1	2	硝酸银	0.1	3
高锰酸钾	0.05;0.1	3	硫氰酸钾	0.1	3
碘溶液	0.02;0.1	1	亚铁氰化钾	各种浓度	1
重铬酸钾	0.1	3	EDTA	各种浓度	3
溴酸钾-溴化钾	0.1	3	锌盐溶液	0.025	2
氢氧化钡	0.05	1	硝酸铅	0.025	2

① 摘自 WJ 1637—86。

(3) 配制溶液时的注意事项

① 某些不稳定的试剂溶液，如淀粉指示液应在使用时现配。

② 对易水解的试剂，如氯化亚锡溶液，应先加适量盐酸溶解后再加水稀释。

③ 配制指示液时，称取的指示剂量往往很小，可用分析天平称量，只要读取两位有效数字即可。

④ 配制硫酸、磷酸、硝酸、盐酸等溶液时，都应把酸倒入水中。对于溶解时放热较多的试剂，不可在试剂瓶中配制，以免炸裂。配制硫酸溶液时，应将浓硫酸分为小份慢慢倒入水中，边加边搅拌，必要时以冷水冷却烧杯外壁。

⑤ 用有机溶剂配制溶液时（如配制指示剂溶液），有时有机物溶解较慢，应不时搅拌，可以在热水浴中温热溶液，不可直接加热。易燃溶剂使用时要远离明火。几乎所有的有机溶剂都有毒，应在通风柜内操作。为避免有机溶剂不必要的蒸发，烧杯应加盖。

⑥ 配制溶液时，要合理选择试剂的级别，不要超规格使用，以免造成浪费。

⑦ 对见光易分解的如 $KMnO_4$、$AgNO_3$、I_2 等溶液，要贮存于棕色试剂瓶中。浓碱液应用塑料瓶装，如装在玻璃瓶中，要用橡皮塞塞紧，不能用玻璃磨口塞。

⑧ 配好的溶液要及时贴上标签。标签上的内容包括溶液名称、浓度和配制日期。对标准溶液要标明有效期。溶液中组分含量的表示一律使用法定单位。标签粘贴的位置应适中，大小要匹配，腐蚀性溶液应在标签上刷层石蜡。

⑨ 不能用手接触腐蚀性及有剧毒的溶液。剧毒废液应作解毒处理，不可直接倒入下水道。

（四）滴定分析中的计算

滴定分析中的计算原则是等物质的量规则。这一规则是指对于一定的化学反应，如选定适当的基本单元，那么在任何时刻所消耗的反应物的物质的量均相等。在滴定分析中，若根据滴定反应选取适当的基本单元，则滴定到达化学计量点时，被测组分的物质的量就等于所消耗标准滴定溶液的物质的量。

1. 基本单元

以实际反应的最小单元确定为基本单元，既符合化学反应的客观规律，又符合基本单元的定义，而且还可照顾到以往的习惯。

【例 3-4】 H_2SO_4 和 NaOH 的反应，实际反应的最小粒子是 H^+ 和 OH^-，即

$$H^+ + OH^- = H_2O$$

可选包含 1 个 H^+ 的化学式 $\frac{1}{2}H_2SO_4$ 和 1 个 OH^- 的化学式 NaOH 为基本单元。滴定

到终点时，等物质的量规则表达为：

$$c(\mathrm{NaOH})V(\mathrm{NaOH})=c\left(\frac{1}{2}\mathrm{H_2SO_4}\right)V\left(\frac{1}{2}\mathrm{H_2SO_4}\right)$$

式中 c——物质的浓度，mol/L；

V——物质的体积，L。

【例 3-5】 $KMnO_4$ 与 Fe^{2+} 的反应，实际是电子转移过程。

$$\mathrm{MnO_4^- + 5Fe^{2+} + 8H^+ = Mn^{2+} + 5Fe^{3+} + 4H_2O}$$

$$\mathrm{MnO_4^- + 5e^- + 8H^+ = Mn^{2+} + 4H_2O}$$

$$\mathrm{Fe^{2+} - e^- = Fe^{3+}}$$

反应中最小单元是电子，MnO_4^- 在反应中接受 5 个电子，其基本单元定为 $\frac{1}{5}MnO_4^-$，而 Fe^{2+} 在反应中失去 1 个电子，其基本单元就是 Fe^{2+}，滴定到终点时，等物质的量规则表述为：

$$c\left(\frac{1}{5}\mathrm{MnO_4^-}\right)V\left(\frac{1}{5}\mathrm{MnO_4^-}\right)=c(\mathrm{Fe^{2+}})V(\mathrm{Fe^{2+}})$$

通常情况下，在酸碱反应中，以有一个 H^+ 得失的形式作为基本单元；在氧化还原反应中是以有一个电子（e^-）得失的形式作为基本单元。

2. 各种类型的计算

（1）两种溶液之间的反应

因为 $n_A=c_AV_A$，$n_B=c_BV_B$，则 $c_AV_A=c_BV_B$

式中 c_A——物质 A 以 A 为基本单元的物质的量浓度，mol/L；

c_B——物质 B 以 B 为基本单元的物质的量浓度，mol/L。

对于溶液的稀释，因为稀释前后物质的质量 m 和物质的量 n 并未发生变化，所以若以 1 和 2 分别代表稀释前后的状态，则有 $c_1V_1=c_2V_2$。

（2）溶液 A 与固体 B 之间反应的计算 对于溶液 A，$n_A=c_AV_A$；对固体 B，$n_B=\frac{m_B}{M_B}$，应有 $c_AV_A=\frac{m_B}{M_B}$

注意，这里 V_A 的单位是 L，若体积用 mL，则公式相应地变为

$$\frac{c_AV_A}{1000}=\frac{m_B}{M_B}$$

若是用固体物质 B 配制溶液时，则有 $c_BV_B=\frac{m_B}{M_B}$

（3）求被测组分的质量分数

① 被测组分的质量分数 $w_B=\frac{m}{m_{样}}$，由此得

$$w_B=\frac{c_AV_AM_B\times10^{-3}}{m_s}$$

式中 w_B——被测组分 B 的质量分数，实际工作中多用百分数表示；

c_A——滴定剂以 A 为基本单元的物质的量浓度，mol/L；

V_A——滴定剂 A 所消耗的体积，mL；

M_B——被测物质以 B 为基本单元的摩尔质量，g/mol；

m_s——试样的质量，g。

② 在返滴定法中，计算公式为

$$w_B=\frac{(c_{A1}V_{A1}-c_{A2}V_{A2})M_B\times10^{-3}}{m_s}$$

式中 c_{A1}——先加入的过量标准滴定溶液的浓度，mol/L；

V_{A1}——先加入的过量标准溶液的体积，mL；

c_{A2}——返滴定所用标准滴定溶液的浓度，mol/L；

V_{A2}——返滴定所用标准滴定溶液的体积，mL；

m_s——试样的质量，g。

③ 在液体试样中，被测组分 B 的含量也常用质量浓度ρ_B 表示。

$$\rho_B=\frac{c_AV_AM_B}{V_s}$$

式中 ρ_B——被测组分 B 的质量浓度，g/L；

c_A——以 A 为基本单元的标准滴定溶液浓度，mol/L；

V_A——标准滴定溶液 A 消耗的体积，mL；

V_s——液体试样 B 的体积，mL。

(4) 有关滴定度的计算 滴定度是溶液浓度的一种表示方法，它是指 1mL 滴定剂溶液（A）相当于待测物质（B）的质量（单位为 g），用 $T_{B/A}$表示，单位为 g/mL。

如果分析的对象固定，用滴定度计算其含量时，只需将滴定度乘以所消耗标准溶液的体积即可求得被测物的质量，计算十分简便，因此，在工矿企业的例行分析中会用到这种浓度。

例如用 $T_{Fe/K_2Cr_2O_7}=0.003489$g/mL 的 $K_2Cr_2O_7$ 溶液滴定 Fe，若消耗的体积为 24.75mL，则该试样中 Fe 的质量为

$$m=TV=0.003489\times24.75=0.08635\ (g)$$

有时也可以用每毫升标准溶液中所含溶质的质量（g）来表示。

例如 $T_{HCl}=0.001012$g/mL HCl 溶液，表示 1mL 溶液含有 0.001012g HCl。这种表示方法在配制专门标准溶液时有较多的应用。

而滴定度和物质的量浓度之间的换算关系为：

$$c_A=\frac{T_{B/A}\times1000}{M_B}$$

或

$$T_{B/A}=\frac{c_AM_B}{1000}$$

式中 c_A——以 A 为基本单元的标准溶液的物质的量浓度，mol/L；

$T_{B/A}$——标准溶液对待测组分的滴定度，g/mL；

M_B——以 B 为基本单元的被测组分的摩尔质量，g/mol。

3. 计算示例

【例 3-6】 滴定 25.00mL 氢氧化钠溶液，消耗 $c\left(\frac{1}{2}H_2SO_4\right)=0.1250$mol/L 硫酸溶液 32.14mL，求氢氧化钠溶液的物质的量浓度。

解

$$c(NaOH)=\frac{c\left(\frac{1}{2}H_2SO_4\right)\times V\left(\frac{1}{2}H_2SO_4\right)}{V(NaOH)}$$

$$=\frac{0.1250\times32.14}{25.00}=0.1607\ (mol/L)$$

答：氢氧化钠溶液的物质的量浓度为 $c(NaOH)=0.1607$mol/L。

【例 3-7】 欲将 $c(Na_2S_2O_3)=0.2100$mol/L，250mL 的溶液稀释成 $c(Na_2S_2O_3)=0.1000$mol/L，需加水多少毫升？

解 设需加水体积为VmL，则 0.2100×250=0.1000（250+V）

求出 $V=275$mL

答：需加 275mL 水。

【例 3-8】 称取草酸（$H_2C_2O_4 \cdot 2H_2O$）0.3808g，溶于水后用 NaOH 溶液滴定，终点时消耗 NaOH 标准滴定溶液 24.56mL，试计算 c(NaOH) 为多少？

解 化学反应式为 $H_2C_2O_4 + 2NaOH \longrightarrow Na_2C_2O_4 + 2H_2O$

首先确定它们的基本单元分别为 NaOH 和$\frac{1}{2}H_2C_2O_4$

由等物质的量规则有 $n(NaOH)=n\left(\frac{1}{2}H_2C_2O_4\right)$

$$c_{NaOH}V_{NaOH}=\frac{m_{H_2C_2O_4 \cdot H_2O}\times 10^3}{M_{\frac{1}{2}(H_2C_2O_4 \cdot H_2O)}}$$

$$c(NaOH)=\frac{0.3808\times 10^3}{\frac{1}{2}\times 126.07\times 24.56}=0.246(mol/L)$$

答：c(NaOH)=0.246mol/L。

【例 3-9】 欲配 $c\left(\frac{1}{6}K_2Cr_2O_7\right)=0.1000$mol/L 的重铬酸钾标准溶液 250.0mL，需称 $K_2Cr_2O_7$ 多少克？

解 根据公式 $c_BV_B=\frac{m_B}{M_B}$，则

$$m(K_2Cr_2O_7)=c\left(\frac{1}{6}K_2Cr_2O_7\right)\times V\times\frac{M\left(\frac{1}{6}K_2Cr_2O_7\right)}{1000}$$

$$=0.1000\times 250.0\times\frac{49.03}{1000}=1.226\ (g)$$

答：需称 1.226g $K_2Cr_2O_7$。

【例 3-10】 用 $c\left(\frac{1}{2}H_2SO_4\right)=0.2020$mol/L 的溶液测定 Na_2CO_3 试样的含量时，称取 0.2009g 试样，消耗 18.32mL 硫酸溶液，求试样中 Na_2CO_3 的质量分数。

解 反应式 $H_2SO_4 + Na_2CO_3 \longrightarrow Na_2SO_4 + CO_2 + H_2O$

基本单元分别取$\frac{1}{2}H_2SO_4$ 和$\frac{1}{2}Na_2CO_3$，则

$$w(Na_2CO_3)=\frac{c\left(\frac{1}{2}H_2SO_4\right)V(H_2SO_4)M\left(\frac{1}{2}Na_2CO_3\right)\times 10^{-3}}{m_s}$$

$$=\frac{0.2020\times 18.32\times\frac{1}{2}\times 106.0\times 10^{-3}}{0.2009}$$

$$=0.9763 \quad 即\ 97.63\%$$

答：试样中 Na_2CO_3 的含量为 97.63%。

【例 3-11】 将 0.2497g CaO 试样溶于 25.00mL c(HCl)=0.2803mol/L HCl 溶液中，剩余酸用 c(NaOH)=0.2786mol/L NaOH 标准滴定溶液返滴定，消耗 11.64mL，求试样中 CaO 的质量分数。

解 反应式为 $CaO + 2HCl \longrightarrow CaCl_2 + H_2O$

$$HCl + NaOH \longrightarrow NaCl + H_2O$$

应取$\frac{1}{2}CaO$作为基本单元，则有

$$w(CaO)=\frac{\left[c(HCl)V(HCl)-c(NaOH)V(NaOH)M\left(\frac{1}{2}CaO\right)\right]\times 10^{-3}}{m_s}$$

$$=\frac{(0.2803\times 25.00-0.2786\times 11.64)\times 10^{-3}\times \frac{1}{2}\times 54.08}{0.2497}$$

$$=0.4077 \quad 即\ 40.77\%$$

答：试样中CaO的含量为40.77%。

【例3-12】 计算$c(HCl)=0.1015mol/L$溶液对Na_2CO_3的滴定度。

解　反应式为　　$Na_2CO_3 + 2HCl \longrightarrow 2NaCl + CO_2 + H_2O$

分别取HCl和$\frac{1}{2}Na_2CO_3$为基本单元

而$M\left(\frac{1}{2}Na_2CO_3\right)=\frac{1}{2}M(Na_2CO_3)=\frac{1}{2}\times 106.0=53.00$ (g/mol)

所以$T_{Na_2CO_3/HCl}=\frac{0.1015\times 53.00}{1000}=0.005380$ (g/mL)

答：$c(HCl)=0.1015mol/L$溶液对Na_2CO_3的滴定度为0.005380g/mL。

二、酸碱滴定法

酸碱滴定法是以质子传递反应为基础的滴定分析方法。滴定过程中溶液的酸度呈现规律性变化。

（一）原理

1. 酸碱的定义

质子理论认为：凡能给出质子的物质是酸，凡能接受质子的物质是碱。酸HA给出质子转变为共轭碱A^-，而碱A^-接受质子转变为共轭酸HA。共轭酸碱具有相互依存的关系。它们之间的质子得失反应称为酸碱半反应。酸和碱彼此相互依存又能够相互转化的性质称为共轭性，两者共同构成一个共轭酸碱对。

共轭酸碱对的表示方法如下例：$HAc\text{-}Ac^-$

$$\underset{酸}{HAc} \rightleftharpoons \underset{质子}{H^+} + \underset{碱}{Ac^-}$$

共轭酸碱对

酸和碱可以是中性分子，也可以是正离子或负离子。如$NH_4^+\text{-}NH_3$、$H_3PO_4\text{-}H_2PO_4^-$、$H_2PO_4^-\text{-}HPO_4^{2-}$等共轭酸碱对。而$H_2PO_4^-$在不同的酸碱对中分别呈现酸或碱的性质，这类物质称为两性物质，如H_2O、$H_2PO_4^-$、HCO_3^-均为两性物质。

$$NH_4^+ \rightleftharpoons H^+ + NH_3$$

$$H_3PO_4 \rightleftharpoons H^+ + H_2PO_4^-$$

$$H_2PO_4^- \rightleftharpoons H^+ + HPO_4^{2-}$$

2. 酸碱反应

酸碱滴定是以酸碱反应为基础的滴定分析法，又称中和法。酸碱反应的实质是质子的转

移，是两个共轭酸碱对共同作用的结果。

酸和碱在水中的离解过程也是其与水分子之间的质子转移过程。水作为溶剂，在酸离解时接受质子起碱的作用，在碱离解时则失去质子起酸的作用。

例如

$$HCl + NH_3 \rightleftharpoons NH_4^+ + Cl^-$$

在此反应中，酸 HCl 给出质子转变为共轭碱 Cl^-，而碱 NH_3 接受质子转变为共轭酸 NH_4^+。

3. 水的质子自递

$$H_2O + H_2O \rightleftharpoons H_3O^+ + OH^-$$

水既是质子酸又是质子碱，水分子之间能发生质子的传递作用，称为水的质子自递作用。

根据化学平衡原理得到

$$K_w = c(H_3O^+)c(OH^-)$$

K_w 称为水的离子积常数，简称水的离子积，表明在一定温度下水溶液中 H^+ 和 OH^- 的浓度乘积是一个常数。298K 时，$K_w = 1.0 \times 10^{-14}$。

4. 酸碱的强弱

在溶液中酸碱的强弱不仅决定于酸碱本身给出质子和接受质子能力的大小，还与溶剂接受和给出质子的能力有关。最常用的溶剂是水，在水溶液中，酸的强度取决于它将质子给予水的能力，碱的强度取决于它从水中夺取质子的能力。这种给予和获得质子能力的大小通常用它们在水中的离解常数 K_a 或 K_b 的大小来衡量。K_a 值越大，酸的强性越大；同样 K_b 值越大，碱的强性越大。

如 HAc-Ac^- 共轭酸碱对中　$HAc \rightleftharpoons H^+ + Ac^-$

$$K_a = \frac{c(H^+)c(Ac^-)}{c(HAc)} \qquad K_b = \frac{c(HAc)c(OH^-)}{c(Ac^-)}$$

由此可得　$K_aK_b = c(H^+)c(OH^-) = K_w$

只要知道酸或碱的离解常数，就能求出其共轭碱或酸的离解常数。常见酸碱的离解常数见附录 3。

【例 3-13】 已知 HAc 的 $K_a = 1.8 \times 10^{-5}$，求其共轭碱 Ac^- 的 K_b 值。

解　$K_b = K_w / K_a = 1 \times 10^{-14} / (1.8 \times 10^{-5}) = 5.6 \times 10^{-10}$

酸碱平衡即质子转移平衡，是动态的、有条件的，如在弱酸或弱碱溶液中，增大其浓度或加入其他物质，则酸碱平衡都会发生移动。

酸碱滴定中常用的滴定剂一般都是强酸或强碱水溶液，如 HCl、H_2SO_4、NaOH 和 KOH 溶液等；被滴定的是各种具有碱性或酸性的物质，如 NaOH、NH_3、Na_2CO_3、HCl、HAc、H_3PO_4 溶液等。弱酸与弱碱之间的滴定，由于滴定突跃太小，实际意义不大，一般不予讨论。

在酸碱滴定中，最重要的是要了解滴定过程中溶液 pH 值的变化规律，并根据 pH 值的变化规律选择合适的指示剂来确定滴定终点，然后通过计算求出待测组分的含量。

首先要明确一个问题：酸的浓度和酸度是两个不同的概念，酸度是指溶液中 H^+ 的浓度(准确地说是 H^+ 的活度)，常用 pH 值来表示。酸的浓度又叫酸的分析浓度，它是指 1L 溶液中所含某种酸的物质的量，即总浓度，它包括未离解和已离解酸的浓度。

同样，碱度和碱的浓度在概念上也是不同的，碱度常用 pOH 表示。酸或碱的浓度可用酸碱滴定法来确定。

(二)缓冲液

缓冲溶液是一种能对溶液的酸度起控制作用的溶液。也就是使溶液的 pH 值不因外加少量酸、碱或稀释而发生显著变化。

缓冲溶液一般是由弱酸及其共轭碱（如 HAc＋NaAc）、弱碱及其共轭酸（如 NH_3＋NH_4Cl）以及两性物质（如 Na_2HPO_4＋NaH_2PO_4）等组成。在高浓度的强酸或强碱溶液中，由于 H^+ 或 OH^- 的浓度本来就很大，因此，外加少量酸或碱时也不会对溶液的酸碱度产生多大的影响，在这种情况下，强酸或强碱也是缓冲溶液。它们主要是高酸度（pH＜2）和高碱度（pH＞12）时的缓冲溶液。由弱酸及其共轭碱组成的缓冲溶液 pH＜7，称为酸式缓冲溶液；由弱碱及其共轭酸组成的缓冲溶液 pH＞7，称为碱式缓冲溶液。

在无机物定量分析中用到的缓冲溶液，都是用来控制酸度的，称为一般缓冲溶液。有一些缓冲溶液则是在用酸度计测量溶液 pH 值时作为参照标准用的，称为标准缓冲溶液。

在选择缓冲溶液时，除要求缓冲溶液对分析反应没有干扰、有足够的缓冲能力外，其 pH 值应该在所要求的酸度范围之内。为此，组成缓冲溶液的弱酸的 pK_a 值应等于或接近于所需的 pH 值；或组成缓冲溶液的弱碱的 pK_b 值应等于或接近于所需的 pOH 值。例如，需要 pH 为 5.0 左右的缓冲溶液，可以选用 HAc-NaAc 缓冲体系；如需要 pH 为 9.0 左右的缓冲溶液，可以选用 $NH_3 \cdot H_2O$-NH_4Cl 缓冲体系。

实际应用中，使用的缓冲溶液在缓冲容量允许的情况下适当稀一点好。目的是既节省药品，又避免引入过多的杂质而影响测定。一般要求缓冲组分的浓度控制在 0.05～0.5mol/L 即可。

几种常用缓冲溶液的配制方法列于表 3-3。

表 3-3 常用缓冲溶液的配制方法

pH 值	缓冲溶液	配制方法
0	强酸	1mol/L HCl 溶液①
1	强酸	0.1mol/L HCl 溶液
2	强酸	0.01mol/L HCl 溶液
3	HAc-NaAc	0.8g $NaAc \cdot 3H_2O$ 溶于水，加入 5.4mL 冰醋酸，稀释至 1000mL
4	HAc-NaAc	54.4g $NaAc \cdot 3H_2O$ 溶于水，加入 92mL 冰醋酸，稀释至 1000mL
4～5	HAc-NaAc	68.0g $NaAc \cdot 3H_2O$ 溶于水，加入 2.86mL 冰醋酸，稀释至 1000mL
6	HAc-NaAc	100g $NaAc \cdot 3H_2O$ 溶于水，加入 5.7mL 冰醋酸，稀释至 1000mL
7	NH_4Ac	154g NH_4Ac 溶于水稀释至 1000mL
8	$NH_3 \cdot H_2O$-NH_4Cl	100g NH_4Cl 溶于水，加浓氨水 7mL，稀释至 1000mL
9	$NH_3 \cdot H_2O$-NH_4Cl	70g NH_4Cl 溶于水，加浓氨水 48mL，稀释至 1000mL
10	$NH_3 \cdot H_2O$-NH_4Cl	54g NH_4Cl 溶于水，加浓氨水 350mL，稀释至 1000mL
11	$NH_3 \cdot H_2O$-NH_4Cl	26g NH_4Cl 溶于水，加浓氨水 414mL，稀释至 1000mL
12	强碱	0.01mol/L NaOH 溶液②
13	强碱	0.1mol/L NaOH 溶液

① 不能有 Cl^- 时，可用 HNO_3 代替；②不能有 Na^+ 时，可用 KOH 代替。

（三）酸碱指示剂

用酸碱滴定法测定物质含量时，滴定过程中发生的化学反应外观上是没有变化的，通常需要利用酸碱指示剂颜色的改变来指示滴定终点的到达。

1. 指示剂的变色原理

酸碱指示剂一般是弱的有机酸或有机碱，它们在溶液中或多或少地离解成离子。由于分子和离子具有不同的结构，因而在溶液中呈现不同的颜色。例如：酚酞是一种有机弱酸，它们在溶液中存在如下的离解平衡：

$$\underset{\text{(无色分子)}}{HIn} \rightleftharpoons H^+ + \underset{\text{(红色离子)}}{In^-}$$

随着溶液中 H^+ 浓度的不断改变，上述离解平衡不断被破坏。当加入酸时，平衡向左移动，生成无色的酚酞分子，使溶液呈现无色。当加入碱时，碱中 OH^- 与 H^+ 结合生成水，使 H^+ 的浓度减少，平衡向右移动，红色、醌式结构的酚酞离子增多，使溶液呈现粉红色。酚酞的离解过程如图 3-1 所示。

又如甲基橙是一种两性物质，它在溶液中存在如下平衡：

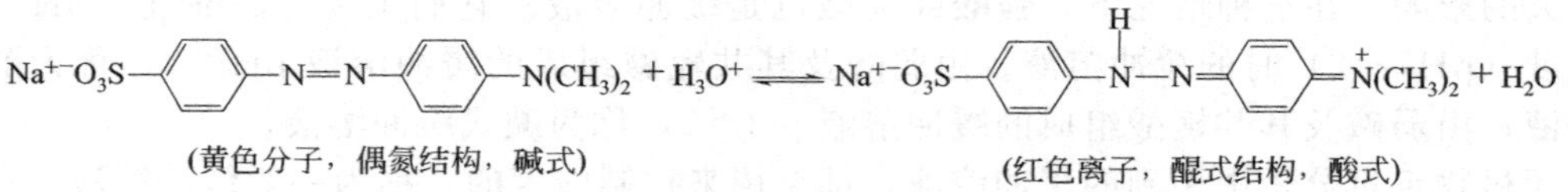

$$Na^{+-}O_3S-C_6H_4-N{=}N-C_6H_4-N(CH_3)_2 + H_3O^+ \rightleftharpoons Na^{+-}O_3S-C_6H_4-NH-N{=}C_6H_4{=}\overset{+}{N}(CH_3)_2 + H_2O$$

（黄色分子，偶氮结构，碱式）　　（红色离子，醌式结构，酸式）

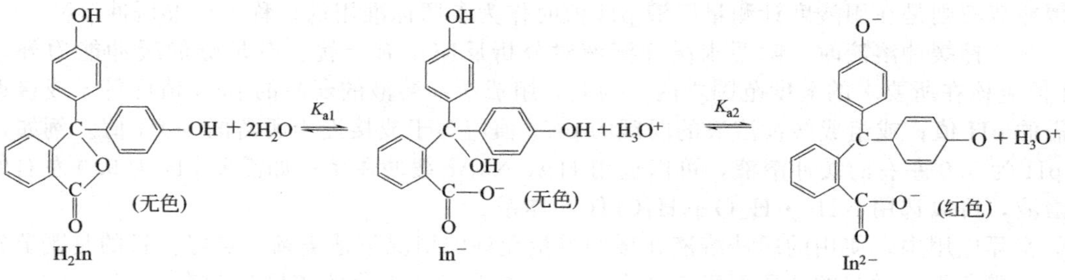

H_2In（无色）$+ 2H_2O \overset{K_{a1}}{\rightleftharpoons}$ In^-（无色）$+ H_3O^+ \overset{K_{a2}}{\rightleftharpoons}$ In^{2-}（红色）$+ H_3O^+$

图 3-1　酚酞的离解过程

2. 酸碱指示剂变色范围

一般指示剂的变色范围不大于 2 个 pH 单位，不小于 1 个 pH 单位。因为人们的视觉对各种颜色的敏感程度不同，而且两种颜色还会有互相掩盖作用以致影响观察，因此，实际变色范围并不完全一致，通常小于 2 个 pH 单位。

指示剂的变色范围越窄越好，这样溶液的 pH 值稍有变化就可观察到溶液颜色的改变，有利于提高测定的准确度。

常见酸碱指示剂的变色范围见表 3-4。

表 3-4　常见酸碱指示剂的变色范围

指示剂	变色范围 pH 值	颜色		pK (HIn)	配制浓度
		酸色	碱色		
百里酚[①]	1.2～2.8	红	黄	1.65	1g/L 乙醇溶液
甲基黄	2.9～4.0	红	黄	3.25	1g/L ρ(乙醇)＝90%乙醇溶液
甲基橙	3.1～4.4	红	黄	3.45	1g/L 水溶液(配制时用加热至 70℃的水)
溴酚蓝	3.0～4.6	黄	紫	4.1	0.4g/L 乙醇溶液或其钠盐的水溶液
溴甲酚绿	3.8～5.4	黄	蓝	4.7	1g/L 乙醇溶液或 1g/L 水溶液加 2.9mL 0.05mol/L NaOH 溶液
甲基红	4.4～6.2	红	黄	5.0	1g/L 乙醇溶液或 1g/L 水溶液
溴百里酚蓝	6.2～7.6	黄	蓝	7.3	1g/L ρ(乙醇)＝20%乙醇溶液或其钠盐的水溶液
中性红	6.8～8.0	红	黄	7.4	1g/L ρ(乙醇)＝60%乙醇溶液
酚红	6.8～8.0	黄	红	8.0	1g/L ρ(乙醇)＝60%乙醇溶液或其钠盐的水溶液
酚酞	8.0～10	无	红	9.1	10g/L 乙醇溶液
百里酚酞	9.4～10.6	无	蓝	10.0	1g/L 乙醇溶液

① 第一变色点。

3. 混合指示剂

单一指示剂的变色范围都较宽，其中有些指示剂如甲基橙，其变色过程中有过渡色，不易辨别。而混合指示剂具有变色范围窄、变色明显等优点。

混合指示剂有两种配制方法：

① 用一种酸碱指示剂与另一种不随溶液中 H^+ 浓度变化而改变颜色的染料混合而成；

② 用两种酸碱指示剂混合而成。

混合指示剂变色敏锐的原理可以用下例来说明。

例如：甲基红和溴甲酚绿两种指示剂所组成的混合指示液，其变色范围见表 3-5。

表 3-5 甲基红和溴甲酚绿组成的混合指示液变色范围

溶液酸度	甲基红	溴甲酚绿	甲基红＋溴甲酚绿
pH≤4.0	红色	黄色	橙色
pH＝5.0	橙红色	绿色	灰色
pH≥6.2	黄色	蓝色	绿色

混合指示剂颜色变化明显与否，还与二者的混合比例有关，在配制时要加以注意。常用混合指示剂及其配制方法见表 3-6。

表 3-6 常用混合指示剂及其配制方法

指示剂组成	配制比例	变色点(pH)	颜色		备注
			酸色	碱色	
1g/L 甲基黄乙醇溶液＋1g/L 亚甲基蓝乙醇溶液	1＋1	3.25	蓝紫	绿	pH＝3.4 绿色，pH＝3.2 蓝紫色
1g/L 甲基橙水溶液＋2.5g/L 靛蓝二磺酸水溶液	1＋1	4.1	紫	黄绿	
1g/L 溴甲酚绿乙醇溶液＋2g/L 甲基红乙醇溶液	3＋1	5.1	酒红	绿	
1g/L 甲基红乙醇溶液＋1g/L 亚甲基蓝乙醇溶液	2＋1	5.4	红紫	绿	pH＝5.2 红紫色，pH＝5.4 暗蓝色，pH＝5.6 绿色
1g/L 溴甲酚绿钠盐水溶液＋1g/L 氯酚红钠盐水溶液	1＋1	6.1	黄绿	蓝紫	pH＝5.4 蓝绿色，pH＝5.8 蓝色，pH＝6.0 蓝带紫色，pH＝6.2 蓝紫色
1g/L 中性红乙醇溶液＋1g/L 亚甲基蓝乙醇溶液	1＋1	7.0	蓝紫	绿	pH＝7.0 紫蓝色
1g/L 甲酚红乙醇溶液或钠盐水溶液＋1g/L百里酚蓝乙醇溶液或水溶液	1＋3	8.3	黄	紫	pH＝8.2 玫瑰色，pH＝8.4 紫色
1g/L 百里酚蓝 50%乙醇溶液＋1g/L 酚酞 50%乙醇溶液	1＋3	9.0	黄	紫	由黄到绿再到紫色
1g/L 百里酚酞乙醇溶液＋1g/L 茜素黄乙醇溶液	2＋1	10.2	黄	紫	

三、配位滴定法

（一）概述

配位滴定法又称络合滴定法或者是螯合滴定法，是以配位反应为基础的滴定分析法。它主要以氨羧配位剂为滴定剂，氨羧配位剂对许多金属有很强的配位能力，在碱性介质中能与金属化合成为易溶而又难于离解的配合物。

但是并不是所有的配位反应都能用于滴定分析，能用于配位滴定的反应除必须满足滴定分析的基本条件外，还必须能生成稳定的、中心离子与配位体比例恒定的配合物，最好能溶于水。同时要求反应速率快，能够有合适的指示剂。

目前应用最广的是一种有机配位剂乙二胺四乙酸及其二钠盐，简称 EDTA。EDTA 能与大多数金属离子形成稳定而且组成简单的配合物，加上又可利用金属指示剂来指示滴定终点，而且还可通过控制溶液的酸度以及使用适当的掩蔽剂来消除共存离子的干扰，使

EDTA配位滴定法广泛应用于无机物的定量分析中。

（二）EDTA的配位滴定基本原理

1. EDTA的性质

乙二胺四乙酸简称EDTA或EDTA酸，常用H_4Y表示其化学式。其结构式为：

$$\begin{matrix} HOOCH_2C & & & & CH_2COOH \\ & \searrow & & \swarrow & \\ & N-CH_2-CH_2-N & & & \\ & \nearrow & & \nwarrow & \\ HOOCH_2C & & & & CH_2COOH \end{matrix}$$

由于它在水中的溶解度小（298K时，每100mL水溶解0.02g），通常用它的二钠盐$Na_2H_2Y \cdot 2H_2O$，也称EDTA或EDTA的二钠盐。它是一种无臭、无毒，易精制而且稳定的白色结晶状粉末。在水中的溶解度较大（298K时，每100mL水可溶解11.2g），此时溶液的浓度约为0.3mol/L，pH值约为4.4。只有在溶液的pH＞10.26时，EDTA才主要以Y^{4-}型体存在。而EDTA与金属离子形成的配合物中，是以Y^{4-}与金属离子形成的配合物最稳定。因此，溶液的酸度成为影响EDTA金属离子配合物稳定性的重要因素。

2. EDTA与金属离子形成的配合物

EDTA分子中含有两个氨氮和四个羧氧，也就是说它有六个结合能力很强的配位原子。它能和大多数金属离子形成稳定的配合物。

EDTA与金属离子的配位反应有以下特点：

① EDTA与不同价态的金属离子形成配合物时，一般情况下配合比是1∶1，化学计量关系简单。

$$M^{2+} + H_2Y^{2-} \rightleftharpoons MY^{2-} + 2H^+$$
$$M^{3+} + H_2Y^{2-} \rightleftharpoons MY^{-} + 2H^+$$
$$M^{4+} + H_2Y^{2-} \rightleftharpoons MY + 2H^+$$

如以M代表金属、H_2Y^{2-}代表EDTA，其反应式如下：

$$M^{n+} + H_2Y^{2-} \rightleftharpoons MY^{(n-4)} + 2H^+$$

上述反应的通式为：$M+Y \rightleftharpoons MY$。

② 配合物的稳定性高。EDTA与大多数金属离子形成多个五元环的螯合物，具有较高的稳定性。图3-2为Ca^{2+}与EDTA所形成螯合物（CaY^{2-}）的立体结构示意。由图3-2可见，配离子中具有五个五元环，稳定性很好。

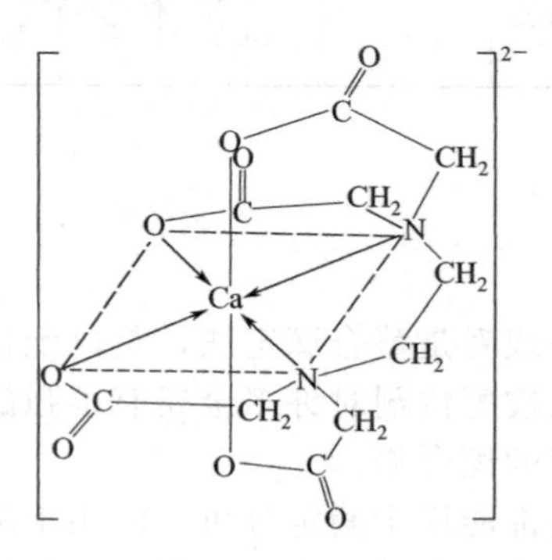

图3-2 CaY^{2-}配合物的立体结构

③ 大多数金属离子与EDTA形成配合物的反应速率很快（瞬间生成），符合滴定要求。

④ EDTA的金属配合物易溶于水，与无色金属离子所形成的配合物都是无色的，与有色金属离子则形成颜色更深的配合物。例如：

CaY^{2-}	无色	CoY^{-}	紫红色
MgY^{2-}	无色	CuY^{2-}	深蓝色
NiY^{2-}	蓝绿色	FeY^{-}	黄色

⑤ EDTA 配位滴定法分析结果计算方便。

3. 配位滴定的基本原理

在配位滴定中，被测的是金属离子。所以，滴定过程中随着 EDTA 标准滴定溶液的滴入，溶液中金属离子的浓度不断减小。由于金属离子浓度一般较小（10^{-2} mol/L），常用 $pM=-\lg[c(M)]$ 来表示，滴定到达化学计量点时，pM 将发生突变，可利用适当方法指示。利用滴定过程中 pM 随滴定剂 EDTA 滴入量的变化而变化的关系来绘制成曲线，该曲线称配位滴定曲线。图 3-3 表示在不同 pH 值下，用 $c(EDTA)=0.01$mol/L EDTA 标准滴定溶液滴定 $c(Ca^{2+})=0.01$mol/L Ca^{2+} 溶液时，滴定过程中 Ca^{2+} 浓度随 EDTA 加入量的变化而变化的情况。

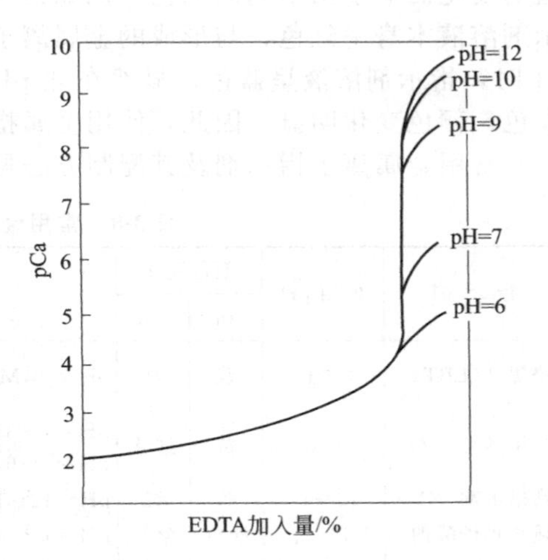

图 3-3　不同 pH 值时用 $c(EDTA)=0.01$mol/L EDTA 标准滴定溶液滴定 $c(Ca^{2+})=0.01$mol/L Ca^{2+} 的滴定曲线

由图可知，该滴定曲线与酸碱滴定曲线相似，随着滴定剂 EDTA 的加入，金属离子的浓度在化学计量点附近有突跃变化。

讨论配位滴定的滴定曲线主要是为了选择适当的条件，其次是为选择指示剂提供一个大概的范围。表 3-7 是部分金属离子用 EDTA 溶液滴定时最低 pH 值。

表 3-7　部分金属离子用 EDTA 溶液滴定时最低 pH 值

金属离子	$\lg K_{MY}$	最低 pH 值	金属离子	$\lg K_{MY}$	最低 pH 值
Mg^{2+}	8.7	约 9.7	Pb^{2+}	18.04	约 3.2
Ca^{2+}	10.96	约 7.5	Ni^{2+}	18.62	约 3.0
Mn^{2+}	13.87	约 5.2	Cu^{2+}	18.80	约 2.9
Fe^{2+}	14.32	约 5.0	Hg^{2+}	21.80	约 1.9
Al^{3+}	16.30	约 4.2	Sn^{2+}	22.12	约 1.7
Co^{3+}	16.31	约 4.0	Cr^{3+}	23.40	约 1.4
Cd^{2+}	16.46	约 3.9	Fe^{3+}	25.10	约 1.0
Zn^{2+}	16.50	约 3.9	ZrO^{2+}	29.50	约 0.4

4. 金属离子指示剂

在配位滴定中，通常利用一种能与金属离子生成有色配合物的显色剂来指示滴定终点，这种显色剂称为金属离子指示剂，简称金属指示剂。

金属指示剂本身常常是一种配位剂，它能和金属离子 M 生成与其本身颜色（A 色）不同的有色（B 色）配合物。

$$\underset{\substack{(\text{指示剂})\\(\text{A色})}}{In}+M \rightleftharpoons \underset{\substack{(\text{指示剂-金属配合物})\\(\text{B色})}}{MIn}$$

在滴定过程中，随着 EDTA 的滴加，溶液中游离的金属离子逐渐地被配位形成 MY，由于 EDTA 与金属离子形成的配合物 MY 比指示剂与金属离子形成的配合物 MIn 更稳定，因此，滴定达到化学计量点时，EDTA 就夺取 MIn（B 色）中的 M 形成 MY 而置换出 In，使溶液呈现 In 本身的颜色（A 色）。

$$\underset{(B色)}{MIn} + Y \rightleftharpoons MY + \underset{(A色)}{In}$$

许多金属指示剂不仅具有配位剂的性质，而且又是多元弱酸或多元弱碱，能随溶液 pH 值的变化而显示出不同的颜色。例如铬黑 T 是一种三元弱酸，在 pH<6 或 pH>12 时，指示剂溶液本身呈红色，与形成的金属离子配合物 MIn 的颜色没有显著的差别；在 pH=8～11 时，指示剂溶液呈蓝色，显然在此 pH 范围内进行滴定到终点时，溶液颜色由红色变为蓝色，颜色变化明显。因此，使用金属指示剂时必须选择合适的 pH 范围。

常用金属离子指示剂及其配制方法见表 3-8。

表 3-8 常用金属离子指示剂及其配制方法

指示剂	使用 pH	颜色变化		直接滴定离子	配制方法
		In	MIn		
铬黑 T(EBT)	8～10	蓝	红	pH=10，Mg^{2+}、Zn^{2+}、Cd^{2+}、Pb^{2+}、Mn^{2+}	1g 铬黑 T 与 100g NaCl 混合研细 5g/L 醇溶液加 20g 盐酸羟胺
二甲酚橙(XO)	<6	黄	红紫	pH=1～3，Bi^{3+} pH=5～6，Zn^{2+}、Cd^{2+}、Pb^{2+}	2g/L 水溶液
钙指示剂(NN)	12～13	蓝	红	pH=12～13，Ca^{2+}	1g 钙指示剂与 100g NaCl 混合研细
磺基水杨酸钠	1.5～2.5	淡黄	紫红	pH=1.5～3，Fe^{3+}	100g/L 水溶液
K-B 指示剂	8～13	蓝	红	pH=10，Mg^{2+}、Zn^{2+} pH=13，Ca^{2+}	100g 酸性铬蓝 K 与 2.5g 萘酚绿 B 和 50g KNO_3 混合研细
PAN	2～12	黄	红	pH=2～3，Bi^{3+} pH=4～5，Cu^{2+}、Ni^{2+} pH=5～6，Cu^{2+}、Cd^{2+}、Pb^{2+}、Zn^{2+}、Sn^{2+} pH=10，Cu^{2+}、Zn^{2+}	1g/L 或 2g/L 乙醇溶液

四、沉淀滴定法

沉淀滴定法是以沉淀反应为基础的一种滴定分析。沉淀滴定法的反应必须满足以下几个要求：①生成沉淀的溶解度非常小；②反应速率快，不易形成过饱和溶液；③有确定的化学计量点；④沉淀的吸附现象应不妨碍化学计量点的测定；⑤沉淀的共沉淀现象不影响滴定结果。

目前滴定分析中用 $AgNO_3$ 来滴定 Cl^-、Br^-、I^-、Ag^+、CN^- 等离子及含卤素的有机化合物，这种方法称为银量法。根据滴定最后确定终点的方法不一样，银量法又分成莫尔法、佛尔哈德法和法扬斯法。

（一）莫尔法

以莫尔法标定 Cl^- 为例。选择 K_2CrO_4 为滴定指示剂。测试过程中有两个反应：

$$Ag^+ + Cl^- = AgCl(白色)$$

$$2Ag^+ + CrO_4^{2-} = Ag_2CrO_4(砖红色)$$

由于 AgCl 的溶解度（1.3×10^{-5}mol/L）小于 Ag_2CrO_4 的溶解度（7.9×10^{-5}mol/L），所以在滴定过程中 AgCl 首先沉淀出来。随着 $AgNO_3$ 的不断加入，溶液中的 Cl^- 不断减少，当 Ag^+ 与 Cl^- 达到化学计量点时，Ag^+ 与 CrO_4^{2-} 反应析出砖红色的 Ag_2CrO_4。

本方法适用于测定氯化物含量为 5～100mg/L 溶液，并要求测定条件为中性溶液，因为酸性溶液中，红色的铬酸银溶解，在碱性溶液中会生成 Ag_2O 沉淀。

（二）佛尔哈德法

用铁铵矾 [$NH_4Fe(SO_4)_2$] 作指示剂的银量法为佛尔哈德法。用这种方法可以测定

Ag^+、Cl^-、Br^-、I^-及 SCN^-等。佛尔哈德法分为直接滴定法和返滴定法。

1. 直接滴定法

在酸性条件下，以铁铵矾作指示剂，用 NH_4SCN（或 KSCN、NaSCN）的标准溶液直接滴定溶液中的 Ag^+，至溶液中出现 $FeSCN^{2+}$ 的红色时表示终点到达。实验及显色反应过程如下所示：

$$\text{滴定反应:}Ag^+ + SCN^- \longrightarrow AgSCN\downarrow\text{(白色)}$$

$$\text{显色反应:}Fe^{3+} + SCN^- \longrightarrow Fe(SCN)^{2+}\text{(红色)}$$

溶液中首先析出 AgSCN 沉淀，当 Ag^+ 定量沉淀后，过量的一滴 NH_4SCN 溶液与 Fe^{3+} 生成红色络合物，即为终点。

但是在测试过程中需要注意：

① 终点出现的早晚与 Fe^{3+} 的浓度有关。在实际应用中一般采用 0.015mol/L 的浓度，约为计算值的 1/20。

② 滴定时，溶液的酸度一般控制在 0.1～1mol/L。此时 Fe^{3+} 主要以 $Fe(H_2O)_6^{3+}$ 的形式存在，颜色较浅。如果酸度较低，则 Fe^{3+} 水解，形成棕色的 $Fe(H_2O)_5OH^{2+}$ 或 $Fe_2(H_2O)_4(OH)_2{}^{4+}$ 等，影响终点的观察。酸度更低，甚至能析出水合氧化物沉淀。

③ 另外，在滴定过程中，不断形成 AgSCN 沉淀具有强烈的吸附作用，部分 Ag^+ 被吸附于其表面上，因此往往出现终点过早出现的情况，使结果偏低。滴定时必须充分摇动溶液，使被吸附的 Ag^+ 及时地释放出来。

2. 返滴定法

先向试液中加入已知量且过量的 $AgNO_3$ 标准溶液，使卤离子和硫氢根离子定量生成银盐沉淀后，再以铁铵矾作指示剂，用 NH_4SCN 标准溶液返滴定剩余的 Ag^+。以 Cl^- 为例，其反应过程如下：

$$Ag^+ + Cl^- \longrightarrow AgCl\downarrow$$

$$Ag^+\text{(剩余)} + SCN^- \longrightarrow AgSCN\downarrow\text{(白色)}$$

$$Fe^{3+} + SCN^- \longrightarrow Fe(SCN)^{2+}\text{(红色)}$$

进行返滴定时，滴入的 NH_4SCN 溶液首先与溶液中的 Ag^+ 发生反应，生成 AgSCN 沉淀。当 Ag^+ 与 SCN^- 反应完全后，过量一滴 NH_4SCN 溶液与 Fe^{3+} 反应，生成红色的 $FeSCN^{2+}$ 络合物，指示终点。

需要注意的是 AgCl 的溶解度比 AgSCN 大，过量的 SCN^- 将与 AgCl 发生反应，使 AgCl 沉淀转化为溶解度更小的 AgSCN：

$$AgCl\downarrow + SCN^- \longrightarrow AgSCN\downarrow + Cl^-$$

转化作用是慢慢进行的，所以溶液中出现了红色之后，随着不断的摇动，红色又逐渐消失，这样就得不到正确的终点。

要想得到持久的红色，就必须继续滴入 NH_4SCN，直至 Cl^- 与 SCN^- 之间建立一定的平衡关系时为止：

$$\frac{[Cl^-]}{[SCN^-]} = \frac{K_{sp}(AgCl)}{K_{sp}(AgSCN)} = \frac{1.8\times10^{-10}}{1.0\times10^{-12}} = 1.8\times10^2$$

此时引起很大的误差，通常采用以下两种措施。

① 试液中加入过量的 $AgNO_3$ 标准溶液之后，煮沸，使 AgCl 凝聚，减少 AgCl 沉淀对 Ag^+ 的吸附。过滤，将 AgCl 沉淀滤去，并用稀 HNO_3 充分洗涤沉淀，然后用 NH_4SCN 标准溶液滴定滤液中的过量 Ag^+。

② 试液中加入过量的 $AgNO_3$ 标准溶液后，加入有机溶剂：如加入硝基苯、苯、四氯

化碳、甘油等1～2mL，用力摇动，使AgCl沉淀的表面上覆盖一层有机溶剂，避免沉淀与外部溶液接触，阻止NH_4SCN与AgCl发生转化反应。这个方法比较简便。

（三）法扬斯法

法扬斯法是一种利用吸附指示剂确定滴定终点的滴定方法。所谓吸附指示剂，就是有些有机化合物吸附在沉淀表面上以后，其结构发生改变，因而改变了颜色。

以这种方法检测Cl^-为例，用荧光黄作吸附指示剂。

在计量点以前，溶液中存在着过量的Cl^-，AgCl沉淀吸附Cl^-而带负电荷，形成$AgCl \cdot Cl^-$，荧光黄阴离子不被吸附，溶液呈黄绿色。

当滴定到达计量点时，一滴过量的$AgNO_3$使溶液出现过量的Ag^+，则AgCl沉淀便吸附Ag^+而带正电荷，形成$AgCl \cdot Ag^+$。它强烈地吸附FIn^-，荧光黄阴离子被吸附之后，结构发生了变化而呈粉红色。具体过程如下：

主反应： $Ag^+ + Cl^- = AgCl$

Cl^-过量时：$AgCl \cdot Cl^-$ FIn^-不被吸附，显黄绿色；

Ag^+过量时：$AgCl \cdot Ag^+ + FIn^- = AgCl \cdot Ag \cdot FIn$，呈粉红色。

滴定时，要注意以下几个问题：

① 由于吸附指示剂是吸附在沉淀表面上而变色，为了使终点的颜色变得更明显，就必须使沉淀有较大表面，这就需要把AgCl沉淀保持溶胶状态。所以滴定时一般先加入糊精或淀粉溶液等胶体保护剂。

② 滴定必须在中性、弱碱性或很弱的酸性（如HAc）溶液中进行。这是因为酸度较大时，指示剂的阴离子与H^+结合，形成不带电荷的荧光黄分子（$K_a = 10^{-7}$）而不被吸附。因此一般滴定是在pH=7～10的酸度下进行。

③ 因卤化银易感光变灰，影响终点观察，所以应避免在强光下滴定。

④ 不同的指示剂离子被沉淀吸附的能力不同，在滴定时选择指示剂的吸附能力，应小于沉淀对被测离子的吸附能力。否则在计量点之前，指示剂离子即取代了被吸附的被测定离子而改变颜色，使终点提前出现。当然，如果指示剂离子吸附的能力太弱，则终点出现太晚，也会造成误差太大的结果。法扬斯法常见指示剂的选择条件见表3-9。

表3-9 法扬斯法常见指示剂的选择条件

指示剂	被测定离子	滴定剂	测定条件
荧光黄	Cl^-	Ag^+	pH=7～10(一般为7～8)
二氯荧光黄	Cl^-	Ag^+	pH=4～10(一般为5～8)
曙红	Br^-,I^-,SCN^-	Ag^+	pH=2～10(一般为3～8)
溴甲酚绿	SCN^-	Ag^+	pH=4～5
甲基紫	Ag^+	Cl^-	酸性溶液
罗丹明6G	Ag^+	Br^-	酸性溶液
钍试剂	SO_4^{2-}	Ba^{2+}	pH=1.5～3.5
溴酚蓝	Hg_2^{2+}	Cl^-,Br^-	酸性溶液

五、氧化还原滴定法

（一）原理

氧化还原法是以氧化还原反应为基础的一种滴定分析法。

1. 氧化还原电对

物质的氧化型（高价态）和还原型（低价态）所组成的体系称为氧化还原电对，简称电对。常用氧化型/还原型来表示，无论是氧化剂获得电子还是还原剂失去电子，电对都写成氧化型/还原型的形式。例如

$2I^- - 2e^- \longrightarrow I_2$　　电对为 I_2/I^-

$Fe^{2+} - e^- \longrightarrow Fe^{3+}$　　电对为 Fe^{3+}/Fe^{2+}

$MnO_4^- + 8H^+ + 5e^- \longrightarrow Mn^{2+} + 4H_2O$　　电对为 MnO_4^-/Mn^{2+}

上述表示一个电对得失电子的反应又称氧化还原半电池反应或电极反应。

2. 电极电位φ

电极电位是指电极与溶液接触的界面存在双电层而产生的电位差，用 φ 来表示，单位为V。任一氧化还原电对都有其相应的电极电位，电极电位值越高，则此电对的氧化型的氧化能力越强；电极电位越低，则此电对的还原型的还原能力越强。电极电位值的大小表示了电对得失电子能力的强弱。

（1）标准电极电位 $\varphi^{\ominus}$　电极电位值与浓度和温度有关，在热力学标准状态（即298K有关物质的浓度1mol/L，有关气体压力为100kPa）下，某电极的电极电位称为该电极的标准电极电位。

（2）能斯特（Nernst）方程　在一定状态下，电极电位的大小，不仅与电对的本性有关，而且也与溶液中离子的浓度、气体的压力、温度等因素有关，如果温度、浓度发生变化，则电极电位值也要改变，电极电位和温度及浓度的定量关系式称为能斯特方程。

对于下述氧化还原半电池反应

$$Ox + ne^- \longrightarrow Red$$

$$\underset{(氧化型)}{\varphi_{Ox/Red}} = \varphi^{\ominus}_{Ox/Red} + \frac{RT}{nF}\ln \frac{c(Ox)}{\underset{(还原型)}{c(Red)}}$$

式中　φ——氧化型物质和还原型物质为任意浓度时电对的电极电位；

$\varphi^{\ominus}$——电对的标准电极电位；

R——气体常数，等于8.314J/(mol·K)；

n——电极反应的电荷数；

F——Faraday 常数；

c——氧化型物质和还原型物质的浓度。

298K时，将各常数代入上式，并将自然对数换成常用对数，即得

$$\varphi_{Ox/Red} = \varphi^{\ominus}_{Ox/Red} + \frac{0.059}{n}\lg \frac{c(Ox)}{c(Red)}$$

利用能斯特方程计算给定氧化型或还原型物质浓度时电对的电极电位。

使用能斯特方程必须注意几个问题：①参与电极反应的所有物质都应包括在内；②气体浓度用该气体的分压和标准态压力（$P^{\ominus}$）的比值代入公式；固体、液体及水为常数，规定为1；其余物质应均使用物质的量浓度；③温度改变，方程式的系数也随之改变。

【例3-14】　MnO_4^- 在酸性溶液中的半反应为 $MnO_4^- + 8H^+ + 5e^- \longrightarrow Mn^{2+} + 4H_2O$　$\varphi^{\ominus} = 1.51V$。

已知 $c(MnO_4^-) = 0.10mol/L$，$c(Mn^{2+}) = 0.001mol/L$，$c(H^+) = 1.0mol/L$，计算该电对的电极电位。

解　由式

$$\varphi_{Ox/Red} = \varphi^{\ominus}_{Ox/Red} + \frac{0.059}{n}\lg \frac{c(Ox)}{c(Red)}$$

得：

$$\varphi_{MnO_4^-/Mn^{2+}}=\varphi^{\ominus}_{MnO_4^-/Mn^{2+}}+\frac{0.059}{n}\lg\frac{c(MnO_4^-)c^8(H^+)}{c(Mn^{2+})}$$

$$=1.51+\frac{0.059}{5}\lg\frac{0.10\times1.0^8}{0.001}$$

$$=1.53\ (V)$$

（二）滴定曲线

在氧化还原滴定过程中，随着滴定剂的加入，溶液中各电对的电极电位不断发生变化，这种变化与酸碱滴定、配位滴定过程一样，也可用滴定曲线来描述。其横坐标为标准滴定溶液的加入量，纵坐标为电对的电极电位。现以 $c[Ce(SO_4)_2]=0.1000mol/L$ $Ce(SO_4)_2$ 标准滴定溶液滴定 20.00mL $c(H_2SO_4)=1mol/L$ 硫酸溶液中的 $c(FeSO_4)=0.1mol/L$ $FeSO_4$ 溶液为例，计算滴定过程中电极电位的变化情况。

滴定反应为 $Ce^{4+}+Fe^{2+}$ ══ $Ce^{3+}+Fe^{3+}$

$$\varphi'_{Ce^{4+}/Ce^{3+}}=1.44V\qquad \varphi'_{Fe^{3+}/Fe^{2+}}=0.68V$$

1. 滴定开始至化学计量点前

此阶段，溶液中存在 Fe^{3+}/Fe^{2+} 和 Ce^{4+}/Ce^{3+} 两个电对，滴定过程中，当加入的标准滴定溶液与被测物反应并平衡后，两个电对的电极电位相等，溶液的电位就等于其中任一电对的电极电位，即

$$\varphi=\varphi'_{Fe^{3+}/Fe^{2+}}+0.059\lg\frac{c(Fe^{3+})}{c(Fe^{2+})}$$

2. 化学计量点时

对于一般氧化还原滴定，达化学计量点时的电位可用下式计算：

$$\varphi_{计量点}=\frac{n_1\varphi'_1+n_2\varphi'_2}{n_1+n_2} \tag{3-1}$$

式中 φ'_1，φ'_2——氧化剂和还原剂电对的条件电位，V；

n_1，n_2——氧化剂和还原剂得失的电子数。

式(3-1) 仅适用于同一物质在反应前后系数相等的情况，如不等，例如

$$Cr_2O_7^{2-}+6Fe^{2+}+14H^+ \Longrightarrow 2Cr^{3+}+6Fe^{3+}+7H_2O$$

则应用下式计算

$$\varphi_{计量点}=\frac{1}{1+6}\times\left[6\times\varphi'_{Ce^{4+}/Ce^{3+}}+1\times\varphi'_{Fe^{3+}/Fe^{2+}}+0.059\lg\frac{1}{2c(Cr^{3+})}\right]$$

3. 化学计量点后

化学计量点后的溶液中存在过量的 Ce^{4+}，可用 Ce^{4+}/Ce^{3+} 电对来计算溶液的电极电位。

$$\varphi=\varphi'_{Ce^{4+}/Ce^{3+}}+0.059\lg\frac{c(Ce^{4+})}{c(Ce^{3+})}$$

现将电对过程中加入不同的滴定剂量时，溶液各平衡点的电极电位计算值列入表 3-10，并绘制成滴定曲线（图 3-4）。

由表 3-10 和图 3-4 可知，从化学计量点前 Fe^{2+} 剩余 0.1%（0.02mL，半滴）到计量点后 Ce^{4+} 过量 0.1%，溶液的电位值由 0.86V 突跃增至 1.26V，改变 0.40V，这个变化称为用 Ce^{4+} 滴定 Fe^{2+} 的电位突跃。两个电对的条件电位或标准电极电位相差越大，电位突跃也越大。了解氧化还原滴定的电位突跃范围的目的是为了选择合适的指示剂。

表 3-10 在 1mol/L 硫酸溶液中，用 0.1000mol/L $Ce(SO_4)_2$ 标准滴定溶液滴定 20.00mL 0.1000mol/L $FeSO_4$ 溶液时溶液的电位

加入 Ce^{4+} 溶液		剩余 Fe^{3+}		过量的 Ce^{4+} 溶液		电位/V
mL	%	mL	%	mL	%	
0.00	0.0	20.0	100.0			—
1.00	5.0	19.0	95.0			0.60
4.00	20.0	16.0	80.0			0.64
8.00	40.0	12.0	60.0			0.67
10.00	50.0	10.0	50.0			0.68
18.00	90.0	2.00	10.0			0.74
19.80	99.0	0.20	1.0			0.80
19.98	99.9	0.02	0.1			0.86 滴定
20.00	100.0					1.06
20.02	100.1			0.02	0.1	1.26 突跃
22.00	110.0			2.00	10.0	1.38
40.00	200.0			20.00	100.0	1.44

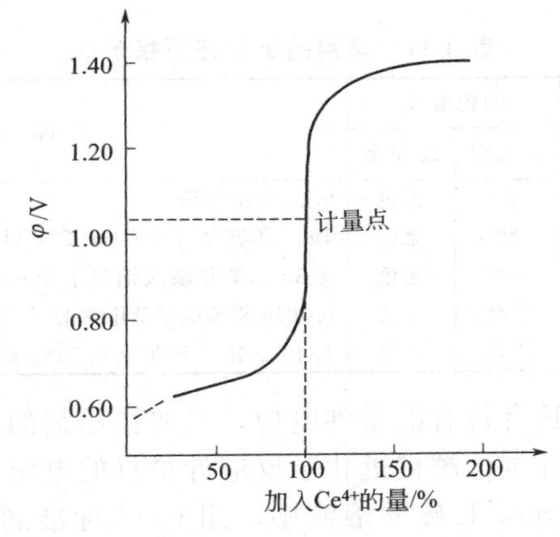

图 3-4 在 1mol/L 硫酸溶液中，用 0.1000mol/L $Ce(SO_4)_2$ 标准滴定溶液滴定 20.00mL 0.1000mol/L $FeSO_4$ 溶液的滴定曲线

（三）氧化还原滴定法终点的确定

在氧化还原滴定过程中，除了用电位法确定终点以外，还可以借用某些物质颜色的变化来确定滴定终点，这类物质就是氧化还原滴定法的指示剂。氧化还原滴定法常用的指示剂有下列几种类型。

（1）标准溶液自身作指示剂 在氧化还原滴定中，有些标准溶液或被滴定的物质本身有颜色，反应的生成物为无色或颜色很浅，反应物颜色的变化可用来指示滴定终点的到达，这类物质称为自身指示剂。例如，在高锰酸钾法中，高锰酸钾标准溶液本身显紫红色，在酸性溶液中滴定无色或浅色的还原剂时，MnO_4^- 被还原为无色的 Mn^{2+}，因而滴定到达计量点以后稍为过量的 $KMnO_4$（浓度仅为 2×10^{-6} mol/L）就可以使溶液呈粉红色，以指示滴定终点的到达。

（2）专属指示剂 有些物质本身不具有氧化还原性，但它能与滴定剂或被测组分产生特殊的颜色，从而达到指示滴定终点的目的，这类指示剂称为专属指示剂或显色指示剂。例如，可溶性淀粉与 I_3^- 生成深蓝色吸附化合物，反应特效且灵敏。当 I_2 被还原为 I^- 时蓝色消失，因此，可用蓝色的出现或消失指示滴定终点的达到。碘量法中常用可溶性淀粉溶液作为指示剂。

(3)氧化还原指示剂 这类指示剂本身是氧化剂或还原剂，其氧化型和还原型具有不同的颜色，在滴定过程中，随着溶液电极电位的变化而发生颜色的变化，从而指示滴定终点。

若以 In_{Ox} 和 In_{Red} 分别表示指示剂的氧化型和还原型，则这一电对的半反应为：

$$In_{Ox} + ne^- \longrightarrow In_{Red}$$

其电极电位为

$$\varphi_{In} = \varphi'_{In} + \frac{0.059}{n}\lg\frac{c(In_{Ox})}{c(In_{Red})}$$

式中 φ'_{In}——指示剂的条件电位。

在滴定过程中，随着溶液电极电位的变化，指示剂的氧化型和还原型的浓度比随之变化，溶液的颜色也发生变化。故指示剂变色的电位范围为

$$\varphi'_{In} \pm \frac{0.059}{n}$$

常用的氧化还原指示剂列于表 3-11。

表 3-11 常用的氧化还原指示剂

指示剂	电位/V $c(H^+)=1mol/L$	颜色变化		配制方法
		氧化型	还原型	
亚甲基蓝	0.52	蓝	无色	0.05%水溶液
二苯胺	0.76	紫	无色	1g 二苯胺溶于 100mL 2% H_2SO_4 中
二苯胺磺酸钠	0.85	紫红	无色	0.8g 二苯胺磺酸钠溶于 100mL 2% H_2SO_4 中
邻苯氨基苯甲酸	1.08	紫红	无色	0.107g 邻苯氨基苯甲酸溶于 20mL 5% Na_2CO_3 用水稀释至 100mL
邻二氮菲亚铁	1.06	浅蓝	红色	1.485g 邻二氮菲及 0.965g 硫酸亚铁溶于 100mL 水中

各种氧化还原指示剂都具有特有的条件电位，只要指示剂的条件电位落在滴定的突跃范围内就可选用。指示剂的条件电位越接近化学反应计量点的电位，滴定误差就越小。

例如，在 $c(H_2SO_4)=1mol/L$ 硫酸溶液中，用 Ce^{4+} 标准滴定溶液滴定 Fe^{2+} 时，滴定过程中电位的突跃范围是 0.86～1.26V，计量点的电位值为 1.06V。根据表 3-11，可选用的指示剂为邻苯氨基苯甲酸或邻二氮菲亚铁。

(四)常用的氧化还原滴定法

氧化还原滴定法是应用范围很广的一种滴定分析方法之一。它既可直接测定许多具有还原性或氧化性的物质，也可间接测定某些不具氧化还原性的物质，可根据待测物的性质来选择合适的指示剂。通常根据所用滴定剂的名称来命名氧化还原滴定法。下面简要介绍几种常用的氧化还原滴定法。

1. 高锰酸钾法

(1)方法与特点 $KMnO_4$ 是一种强氧化剂，介质条件不同时，其还原产物也不一样。

① 在强酸性溶液中

$$MnO_4^- + 8H^+ + 5e^- \rightleftharpoons Mn^{2+} + 4H_2O \qquad \varphi^\ominus = 1.51V$$

② 在弱酸性、中性或碱性溶液中

$$MnO_4^- + 2H_2O + 3e^- \rightleftharpoons MnO_2\downarrow + 4OH^- \qquad \varphi^\ominus = 0.59V$$

$$MnO_4^- + e^- \rightleftharpoons MnO_4^{2-} \qquad \varphi^\ominus = 0.564V$$

③ 在 pH>12 的强碱性溶液中，由于 $KMnO_4$ 在强酸性溶液中有更强的氧化能力，所以，滴定反应一般都在强酸性条件下进行。

高锰酸钾法有下列特点：

① $KMnO_4$ 氧化能力强，应用广泛。可直接和间接地测定多种无机物和有机物；

② MnO_4^- 本身有色，滴定时一般不需要另加指示剂；

③ 标准溶液不够稳定，不能久置；

④ 反应历程比较复杂，易发生副反应；

⑤ $KMnO_4$ 标准溶液不能直接配制。

使用 $KMnO_4$ 法的注意事项：

① 进行滴定反应时，所用的酸一般为 H_2SO_4，应避免使用 HCl 或 HNO_3，因为 Cl^- 具有还原性，能与 MnO_4^- 作用。而 HNO_3 具有氧化性，它可能氧化某些待测物质。

② 为了使滴定反应定量、快速进行，必须控制好滴定的条件，即温度、酸度和滴定速度。

③ 计算分析结果时，要注意 $KMnO_4$ 在不同介质条件下，其基本单元不同。

在强酸性溶液中，基本单元为$\frac{1}{5}KMnO_4$；在弱酸性、中性或弱碱性溶液中，基本单元为$\frac{1}{3}KMnO_4$；在强碱性溶液中，基本单元为 $KMnO_4$。

（2）高锰酸钾标准滴定溶液的配制与标定（执行 GB/T 601—2016 中 4.12）

① 标准溶液的配制。市售高锰酸钾的纯度仅在99%左右，其中含有少量的 MnO_2 及其他杂质。同时，蒸馏水中也常含有还原性物质如尘埃、有机物等。这些物质都能使 $KMnO_4$ 还原，因此 $KMnO_4$ 标准滴定溶液不能直接配制，必须先配成近似浓度的溶液，然后再用基准物质标定。为此采用下列步骤配制：

a. 称取稍高于计算用量的 $KMnO_4$，溶于一定量的蒸馏水中，将溶液加热煮沸，保持微沸 15min，放置 2～3 天，使可能含有的还原性物质被完全氧化。

b. 用微空玻璃漏斗过滤，除去 MnO_2 沉淀，滤液移入棕色瓶中保存，以避免 $KMnO_4$ 见光分解。

② 标准溶液的标定。标定 $KMnO_4$ 溶液的基准物很多，如 $Na_2C_2O_4$、$H_2C_2O_4 \cdot 2H_2O$、$(NH_4)_2Fe(SO_4)_2 \cdot 6H_2O$ 和纯铁丝等。其中常用的是 $Na_2C_2O_4$，这是因为其易提纯、稳定，不含结晶水。在 105～110℃烘至恒重，即可使用。

标定反应如下：

$$2MnO_4^- + 5C_2O_4^{2-} + 16H^+ = 2Mn^{2+} + 10CO_2\uparrow + 8H_2O$$

此时，$KMnO_4$ 的基本单元为$\frac{1}{5}KMnO_4$，而 $Na_2C_2O_4$ 的基本单元为$\frac{1}{2}Na_2C_2O_4$。

标定时注意下列滴定条件：

a. 温度。$Na_2C_2O_4$ 溶液加热至 70～85℃再进行滴定。不能使温度超过 90℃，否则 $H_2C_2O_4$ 分解，导致标定结果偏高。近终点时溶液的温度不能低于 65℃。

$$H_2C_2O_4 \xrightarrow{>90℃} H_2O + CO_2\uparrow + CO\uparrow$$

b. 酸度。溶液应保持足够大的酸度，一般控制酸度为 0.5～1mol/L。如果酸度不足，易生成 MnO_2 沉淀，酸度过高则又会使 $H_2C_2O_4$ 分解。

c. 滴定速率。MnO_4^- 与 $C_2O_4^{2-}$ 的反应开始很慢，当有 Mn^{2+} 生成之后，反应逐渐加快。因此，开始滴定时应该等第一滴 $KMnO_4$ 溶液褪色后，再加第二滴。此后，因反应生成的 Mn^{2+} 有自动催化作用而加快了反应速率，随之可加快滴定速率，但不能过快，否则加入的 $KMnO_4$ 溶液会因来不及与 $C_2O_4^{2-}$ 反应，就在热的酸性溶液中分解。

$$4MnO_4^- + 12H^+ = 4Mn^{2+} + 6H_2O + 5O_2\uparrow$$

d. 用 $KMnO_4$ 溶液滴定至溶液呈淡粉红色 30s 不褪色即为终点，放置时间过长，因空气中还原性物质使$KMnO_4$还原而褪色。

③ 标定结果的计算。

$$c\left(\frac{1}{5}KMnO_4\right)=\frac{m}{(V-V_0)M\left(\frac{1}{2}Na_2C_2O_4\right)\times10^{-3}}$$

式中 m——称取$Na_2C_2O_4$的质量，g；

V——滴定时消耗$KMnO_4$标准滴定溶液的体积，mL；

V_0——空白试验时消耗$KMnO_4$标准滴定溶液的体积，mL；

$M\left(\frac{1}{2}Na_2C_2O_4\right)$——以$\left(\frac{1}{2}Na_2C_2O_4\right)$为基本单元的摩尔质量（67.00g/mol）。

【例 3-15】 配制 1.5L $c\left(\frac{1}{5}KMnO_4\right)=0.2mol/L$的$KMnO_4$溶液，应称取$KMnO_4$多少克？配制 1L $T_{Fe^{2+}/KMnO_4}=0.006g/mL$的溶液应称取$KMnO_4$多少克？

解 (1) 已知$M(KMnO_4)=158g/mol$

则
$$M\left(\frac{1}{5}KMnO_4\right)=31.6g/mol$$

$$m=c\left(\frac{1}{5}KMnO_4\right)V(KMnO_4)M\left(\frac{1}{5}KMnO_4\right)=0.2\times1.5\times31.6=9.5\ (g)$$

(2) $KMnO_4$与Fe^{2+}的反应为

$$MnO_4^-+5Fe^{2+}+8H^+=Mn^{2+}+5Fe^{3+}+4H_2O$$

在该反应中，Fe^{2+}的基本单元为（Fe）

$$c\left(\frac{1}{5}KMnO_4\right)=\frac{T\times1000}{M(Fe)}=\frac{0.006\times1000}{55.85}=0.107(mol/L)$$

所需$KMnO_4$的质量为

$$m(KMnO_4)=c\left(\frac{1}{5}KMnO_4\right)V(KMnO_4)M\left(\frac{1}{5}KMnO_4\right)=0.107\times1\times31.6=3.4\ (g)$$

(3) $KMnO_4$法应用实例——绿矾含量的测定（执行 GB/T 664—2011） 绿矾学名为硫酸亚铁，其化学式为$FeSO_4\cdot7H_2O$，分子量为 278.01，易被空气氧化为高铁盐，易溶于水，具有还原性，工业上用作还原剂，农业上用作杀虫剂，亦能用于染料工业和枕木防腐，同时也是制墨水的原料。

① 测定原理。样品用水溶解后，在酸性溶液中用$KMnO_4$溶液直接滴定，反应为

$$MnO_4^-+5Fe^{2+}+8H^+=Mn^{2+}+5Fe^{3+}+4H_2O$$

由消耗$KMnO_4$标准溶液的体积计算绿矾的含量。

此处，$KMnO_4$的基本单元为$\left(\frac{1}{5}KMnO_4\right)$，$FeSO_4\cdot7H_2O$的基本单元为（$FeSO_4\cdot7H_2O$）。

② 绿矾含量计算。

$$w(FeSO_4\cdot7H_2O)=\frac{c\left(\frac{1}{5}KMnO_4\right)V(KMnO_4)M(FeSO_4\cdot7H_2O)\times10^{-3}}{m_s}$$

2. 重铬酸钾法

(1) 方法与特点 $K_2Cr_2O_7$是一种较强的氧化剂，在酸性介质中被还原为Cr^{3+}

$$Cr_2O_7^{2-}+14H^++6e^- \longrightarrow 2Cr^{3+}+7H_2O \quad \varphi^\ominus=1.33V$$

其基本单元为$\frac{1}{6}K_2Cr_2O_7$，$K_2Cr_2O_7$ 的氧化能力比 $KMnO_4$ 要弱些。

重铬酸钾法的特点是：

① $K_2Cr_2O_7$ 易提纯，在 140～150℃干燥 2h 后，可直接称量，配制标准溶液，不必标定；

② $K_2Cr_2O_7$ 标准溶液相当稳定，保存在密闭容器中，浓度可长期保持不变；

③ 室温下，当 HCl 溶液浓度低于 3mol/L 时，$Cr_2O_7^{2-}$ 不氧化 Cl^-，因此可在盐酸介质中进行滴定。

重铬酸钾法常用的指示剂为二苯胺磺酸钠。

（2）$K_2Cr_2O_7$ 标准滴定溶液的制备

① 直接配制法。$K_2Cr_2O_7$ 标准滴定溶液可用直接配制法，但在配制前应将 $K_2Cr_2O_7$ 在 105～110℃烘至恒重。其浓度计算式为

$$c\left(\frac{1}{6}K_2Cr_2O_7\right)=\frac{m(K_2Cr_2O_7)}{V(K_2Cr_2O_7)\times\frac{M\left(\frac{1}{6}K_2Cr_2O_7\right)}{1000}}$$

【例 3-16】 欲配制 500mL $c\left(\frac{1}{6}K_2Cr_2O_7\right)=0.1000mol/L$ $K_2Cr_2O_7$ 标准溶液，应称取 $K_2Cr_2O_7$ 基准试剂多少克？

解 已知 $M(K_2Cr_2O_7)=294.18g/mol$

则
$$M\left(\frac{1}{6}K_2Cr_2O_7\right)=49.03g/mol$$

$$\begin{aligned}m(K_2Cr_2O_7)&=c\left(\frac{1}{6}K_2Cr_2O_7\right)V(K_2Cr_2O_7)M\left(\frac{1}{6}K_2Cr_2O_7\right)\\&=0.1000\times0.5\times49.03\\&=2.4515\ (g)\end{aligned}$$

答：应称取 $K_2Cr_2O_7$ 基准试剂 2.4515g。

② 间接配制法（执行 GB 601—2016 中 4.5）。若使用一般 $K_2Cr_2O_7$ 试剂配制标准溶液，需进行标定。

标定原理：移取一定体积的 $K_2Cr_2O_7$ 溶液，加入过量的 KI 和 H_2SO_4，用已知浓度的 $Na_2S_2O_3$ 标准滴定溶液进行滴定，以淀粉指示液指示滴定终点，其反应式为：

$$Cr_2O_7^{2-}+6I^-+14H^+ \longrightarrow 2Cr^{3+}+3I_2+7H_2O$$

$$I_2+2S_2O_3^{2-} \longrightarrow S_4O_6^{2-}+2I^-$$

$K_2Cr_2O_7$ 标准溶液的浓度按下式计算

$$c\left(\frac{1}{6}K_2Cr_2O_7\right)=\frac{(V_1-V_2)c(Na_2S_2O_3)}{V}$$

式中　$c\left(\frac{1}{6}K_2Cr_2O_7\right)$——重铬酸钾标准溶液的浓度，mol/L；

$c(Na_2S_2O_3)$——硫代硫酸钠标准滴定溶液的浓度，mol/L；

V_1——滴定时消耗硫代硫酸钠标准滴定溶液的体积，mL；

V_2——空白试验消耗硫代硫酸钠标准滴定溶液的体积，mL；

V——重铬酸钾标准溶液的体积，mL。

（3）重铬酸钾法的应用实例——铁矿石中铁含量的测定

① 测定原理。试样用浓热 HCl 分解，用 $SnCl_2$ 趁热将 Fe^{3+} 还原为 Fe^{2+}，过量的 $SnCl_2$ 用 $HgCl_2$ 氧化，再用水稀释，并加入 H_2SO_4-H_3PO_4 混合酸，以二苯胺磺酸钠为指示剂，用 $K_2Cr_2O_7$ 标准滴定溶液滴定至溶液由浅绿色（Cr^{3+} 颜色）变为紫红色。

用盐酸溶解时，反应为

$$Fe_2O_3+6HCl \longrightarrow 2FeCl_3+3H_2O$$

滴定反应为

$$Cr_2O_7^{2-}+6Fe^{2+}+14H^+ \longrightarrow 2Cr^{3+}+6Fe^{3+}+7H_2O$$

② 分析结果的计算。

$$w(Fe)=\frac{c\left(\frac{1}{6}K_2Cr_2O_7\right)V(K_2Cr_2O_7)M(Fe)\times10^{-3}}{m_s}$$

测定中加入 H_3PO_4 的目的有两个：一是降低 Fe^{3+}/Fe^{2+} 电对的电极电位，使滴定突跃范围增大，让二苯胺磺酸钠变色点的电位落在滴定突跃范围之内；二是使滴定反应的产物生成无色的 $Fe(HPO_4)_2^-$，消除 Fe^{3+} 黄色的干扰，有利于滴定终点的观察。

另外还有一种无汞测定法：样品用酸溶解后，以二氯化锡还原大部分三价铁离子，再以钨酸钠为指示剂，用三氯化钛还原剩余的三价铁离子，反应为

$$2Fe^{3+}+Sn^{2+} \longrightarrow 2Fe^{2+}+Sn^{4+}$$

$$Fe^{3+}+Ti^{3+} \longrightarrow Fe^{2+}+Ti^{4+}$$

当 Fe^{3+} 定量还原为 Fe^{2+} 之后，稍过量的三氯化钛即可使溶液中作为指示剂的六价钨还原为蓝色的五价钨合物，俗称“钨蓝”，故使溶液呈现蓝色。然后滴入重铬酸钾溶液，使钨蓝刚好褪色，或者以 Cu^{2+} 为催化剂使稍过量的 Ti^{3+} 被水中溶解的氧氧化，从而消除少量还原剂的影响。最后以二苯胺磺酸钠为指示剂，用重铬酸钾标准滴定溶液滴定溶液中的 Fe^{2+}，即可求出全铁含量。

分析结果的计算式同前。

3. 碘量法

（1）方法简介 碘量法是利用 I_2 的氧化性和 I^- 的还原性来进行滴定的方法，其基本反应是：

$$I_2+2e^- \longrightarrow 2I^-$$

固体 I_2 在水中溶解度很小（298K 时为 1.18×10^{-3} mol/L）且易于挥发，通常将 I_2 溶解于 KI 溶液中，此时它以 I_3^- 配离子形式存在，其半反应为

$$I_3^-+2e^- \longrightarrow 3I^- \qquad \varphi^{\ominus}=0.545V$$

从 $\varphi^{\ominus}$ 值可以看出，I_2 是较弱的氧化剂，能与较强的还原剂作用；I^- 是中等强度的还原剂，能与许多氧化剂作用，因此碘量法可以用直接或间接的两种方式进行。

将 I_2 配成标准溶液可以直接测定电位值比 $\varphi^{\ominus}_{I_3^-/I^-}$ 小的还原性物质，如：S^{2-}、SO_3^{2-}、Sn^{2+}、$S_2O_3^{2-}$、As^{3+} 等，这种碘量法称为直接碘量法，又叫碘滴定法。在碘量法中，通常还用 $Na_2S_2O_3$ 标准溶液作还原剂，在溶液中 $Na_2S_2O_3$ 可以失去一个电子而被氧化

$$2S_2O_3^{2-} \longrightarrow S_4O_6^{2-}+2e^-$$

如果将含氧化性物质（电位值比 $\varphi^{\ominus}_{I_3^-/I^-}$ 大）的试样与过量 KI 反应，析出的 I_2 就可用 $Na_2S_2O_3$ 滴定，反应式为

$$2S_2O_3^{2-}+I_2 \longrightarrow S_4O_6^{2-}+2I^-$$

这种碘量法称为间接碘量法，又叫滴定碘法。利用这一方法可以测定很多氧化性物质，

如 Cu^{2+}、$Cr_2O_7^{2-}$、IO_3^-、BrO_3^-、AsO_4^{3-}、ClO^-、NO_2^-、H_2O_2、MnO_4^- 和 Fe^{3+} 等。

在碘量法中一般采用淀粉作为指示剂，淀粉与 I_3^- 形成深蓝色吸附化合物，此反应很灵敏，当 I_2 的浓度为 1×10^{-5} mol/L 时，仍然能观察到蓝色。

碘量法既可测定氧化剂，又可测定还原剂。I_3^-/I^- 电对反应的可逆性好，副反应少，又有很灵敏的指示剂，因此，碘量法的应用范围很广。

（2）碘量法的滴定条件

① 直接碘量法。不能在碱性溶液中进行滴定，因为碘与碱发生歧化反应。

$$I_2+2OH^- = IO^-+I^-+H_2O$$

$$3IO^- = IO_3^-+2I^-$$

② 间接碘量法。

a. 溶液的酸度。间接碘量法必须在中性或弱酸性溶液中进行，因为在碱性溶液中 I_2 与 $S_2O_3^{2-}$ 将发生下列反应

$$S_2O_3^{2-}+4I_2+10OH^- = 2SO_4^{2-}+8I^-+5H_2O$$

同时，I_2 在碱性溶液中发生歧化反应

$$3I_2+6OH^- = IO_3^-+5I^-+3H_2O$$

在强酸性溶液中，$Na_2S_2O_3$ 溶液会发生分解反应

$$S_2O_3^{2-}+2H^+ = SO_2+S+H_2O$$

同时，I^- 在酸性溶液中易被空气中的 O_2 氧化

$$4I^-+4H^++O_2 = 2I_2+2H_2O$$

b. 淀粉指示剂的使用条件。I_2 与淀粉呈现蓝色，其灵敏度除 I_2 的浓度以外，还与淀粉的性质和它加入的时间、温度及反应介质等条件有关。

ⅰ. 淀粉必须是可溶性淀粉；

ⅱ. I_3^- 与淀粉的蓝色在热溶液中会消失，因此，不能在热溶液中进行滴定；

ⅲ. 要注意反应介质的条件，淀粉在弱酸性溶液中灵敏度很高，显蓝色；当 $pH<2$ 时，淀粉会水解成糊精，与碘显红色；若 $pH>9$ 时，碘变为 IO^- 不显色。

ⅳ. 在间接碘量法中用 $Na_2S_2O_3$ 滴定 I_2 时要等滴至 I_2 的黄色很浅时再加入淀粉指示液，若过早加入淀粉，它与 I_2 形成的蓝色配合物会吸留部分 I_2，往往易使终点提前且不明显。

ⅴ. 淀粉指示液的用量一般为 2～5mL（5g/L 淀粉指示液）。

（3）提高碘量法测定结果准确度的措施 碘量法的误差来源主要有两个方面：一是碘易挥发；二是在酸性溶液中 I^- 易被空气中的 O_2 氧化。为此，应采用适当的措施，以保证分析结果的准确度。

① 防止 I_2 挥发。

a. 加入过量的 KI（一般比理论值大 2～3 倍），由于生成了 I_3^-，可减少 I_2 的损失。

b. 反应时溶液的温度不能高，一般在室温下进行。

c. 滴定开始时不要剧烈摇动溶液，尽量轻摇、慢摇，但是必须摇匀，局部过量的 $Na_2S_2O_3$ 会自行分解。当 I_2 的黄色已经很浅时，加入淀粉指示液后再充分摇动。

d. 间接碘量法的滴定反应要在碘量瓶中进行。为使反应完全，加入 KI 后要放置一会（一般不超过 5min），放置时用水封住瓶口。

② 防止 I^- 被空气氧化。

a. 在酸性溶液中，用 I^- 还原氧化剂时，应避免阳光照射，可用棕色试剂瓶储存 I^- 标准溶液；

b. Cu^{2+}、NO_2^- 等离子催化空气对 I^- 的氧化，应设法消除干扰；

c. 析出 I_2 后，一般应立即用 $Na_2S_2O_3$ 标准滴定溶液滴定；

d. 滴定速度要适当快些。

(4) 碘量法标准滴定溶液的制备 碘量法中需要配制和标定 I_2 和 $Na_2S_2O_3$ 两种标准滴定溶液。

① $Na_2S_2O_3$ 标准滴定溶液的制备（执行 GB/T 601—2016 中 4.6）

a. 配制。市售硫代硫酸钠（$Na_2S_2O_3 \cdot 5H_2O$）一般都含有少量杂质，且在空气中不稳定，因此不能用直接法配制。

配制方法：称取一定量 $Na_2S_2O_3 \cdot 5H_2O$ 溶于无 CO_2 的蒸馏水中，煮沸、冷至室温，储存于棕色瓶中。放置两周后过滤，再标定。

b. 标定。标定 $Na_2S_2O_3$ 溶液的基准物质有 $K_2Cr_2O_7$、KIO_3、$KBrO_3$ 及升华 I_2 等。除 I_2 外，其他物质都需在酸性溶液中与 KI 作用析出 I_2 后，再用配制的 $Na_2S_2O_3$ 溶液滴定。现以 $K_2Cr_2O_7$ 作基准物为例加以讨论：

反应为

$$Cr_2O_7^{2-} + 6I^- + 14H^+ = 2Cr^{3+} + 3I_2 + 7H_2O$$

$$I_2 + 2S_2O_3^{2-} = 2I^- + S_4O_6^{2-}$$

由反应式知 $K_2Cr_2O_7$ 的基本单元为 $\frac{1}{6}K_2Cr_2O_7$；I_2 的基本单元为 $\frac{1}{2}I_2$；$Na_2S_2O_3$ 的基本单元为 $Na_2S_2O_3$。

c. 标定结果的计算。

$$c(Na_2S_2O_3) = \frac{m}{(V-V_0) \times 10^{-3} \times M\left(\frac{1}{6}K_2Cr_2O_7\right)}$$

式中 m——$K_2Cr_2O_7$ 的质量，g；

V——滴定时消耗 $Na_2S_2O_3$ 标准溶液的体积，mL；

V_0——空白试验消耗 $Na_2S_2O_3$ 标准溶液的体积，mL；

$M\left(\frac{1}{6}K_2Cr_2O_7\right)$——以$\left(\frac{1}{6}K_2Cr_2O_7\right)$为基本单元的摩尔质量（49.03g/mol）。

② I_2 标准滴定溶液的制备（执行 GB/T 601—2016 中 4.9）

a. 配制。用升华法制得的纯碘，可直接配制成标准溶液。但通常是用市售的碘先配成近似浓度的碘溶液，然后用基准试剂或已知准确浓度的 $Na_2S_2O_3$ 标准溶液来标定碘溶液的准确浓度。由于碘几乎不溶于水，易溶于 KI 溶液，故配制时应将 I_2、KI 与少量水一起研磨后再用水稀释，并保存在棕色试剂瓶中待标定。

b. 标定。标定 I_2 溶液可用 As_2O_3 基准试剂。将 As_2O_3 溶于 NaOH 溶液，使之生成亚砷酸钠，再用 I_2 溶液滴定 AsO_3^{3-}。

$$As_2O_3 + 6NaOH = 2Na_3AsO_3 + 3H_2O$$

$$AsO_3^{3-} + I_2 + H_2O = AsO_4^{3-} + 2I^- + 2H^+$$

此反应为可逆反应，为使反应向右进行，可加固体 $NaHCO_3$ 以中和反应生成的 H^+，保持溶液 pH＝8 左右即可使反应完全。由于 As_2O_3 为剧毒物，一般常用已知浓度的 $Na_2S_2O_3$ 标准滴定溶液标定 I_2 溶液。

c. 标定结果的计算。

$$c\left(\frac{1}{2}I_2\right) = \frac{m}{(V-V_0) \times 10^{-3} M\left(\frac{1}{4}As_2O_3\right)}$$

式中　m——称取 As_2O_3 的质量，g；

V——滴定时消耗 I_2 溶液的体积，mL；

V_0——空白试验消耗 I_2 溶液的体积，mL；

$M\left(\frac{1}{4}As_2O_3\right)$——以$\left(\frac{1}{4}As_2O_3\right)$为基本单元的摩尔质量，g/mol。

第二节　重量分析法

重量分析法是定量分析方法之一。它是根据称量来确定被测物组分含量的方法。其具体过程如下：①使被测组分从试样中分离出来，转化为一定的称量形式；②称量该组分的质量，并计算该组分的含量。

和滴定分析法相比较，称重分析法可以直接通过称量而得到分析结果，不需要基准物质。没有基准物质和容器器皿带来的误差，准确度高。对于高含量组分的测定，重量分析法比较准确，一般测定的相对误差不大于 0.1%。对于一些常量组分，如硅、硫、水分、灰分及挥发物的含量，现在依然选择重量分析法。

一、分类

按照组分分离方式的不一样，分成沉淀法、挥发法、电解法、萃取法。

1. 沉淀法

利用沉淀反应，使被测组分生成溶解度很小的沉淀，将沉淀过滤、洗涤、烘干或灼烧，称量，根据称量出的质量计算出被测组分的含量。

被测组分→沉淀→称量

2. 挥发法

利用物质的挥发性，用加热或其他方法使试样中被测成分气化逸出。例如，想要测定材料中 CO_2 的含量，只要通过加热的方式，使其逸出来，然后再用碱石灰进行吸收。

3. 电解法

利用电解的原理，控制适当的电位使被测金属离子在电极上放电析出。称其质量后即可计算出被测组分的含量。

4. 萃取法

利用萃取剂将被测组分从试样中萃取出来，然后将萃取剂蒸干。称量干燥的萃取物质量，计算出试样中被测组分的含量。

二、沉淀物要求

在重量分析中，沉淀是经过干燥或灼烧后再称量，干燥或灼烧过程中可能发生化学变化，因而称量的物质可能不是原来的沉淀，而是由原沉淀转化而来的另一种物质。故在重量分析中有“沉淀形式”和“称量形式”之分。例如：

$CaO(CO_2\uparrow, H_2O\uparrow, CO\uparrow)$(称量形式)

三、沉淀法的应用条件

1. 沉淀形式

高分子材料采用沉淀法进行重量分析法时，对沉淀形式的有一定的要求，主要满足以下四点：

① 沉淀的溶解度要小（一般要求溶解度损失应小于0.2mg，即不大于天平的称量误差）；

② 沉淀必须纯净（不应混进沉淀剂和其他杂质）；

③ 沉淀应易于过滤和洗涤（得到粗大颗粒的晶形沉淀）；

④ 沉淀应易于转化为称量形式。

2. 对称量形式的要求

重量法最终需要靠称量形式的准确称取来计算，因此对于该种方法所涉及的称量形式必须满足以下条件：

① 组成与化学式完全符合（计算依据）；

② 要有足够的化学稳定性；

③ 应具有尽可能大的摩尔质量（一定量的被测组分经处理后所得的沉淀量大，一方面可使溶解损失减少，另一方面可减少称量误差）。

3. 沉淀的溶解度以及其影响因素

在利用沉淀反应进行重量分析时，总希望被测组分的沉淀越完全越好。但是，绝对不溶的物质是没有的，所以在重量分析中要求沉淀的溶解损失不超过称量误差的0.1mg，即可认为沉淀完全，而一般沉淀却很少达到这一要求。因此，如何减少沉淀的溶解损失，以保障重量分析结果的准确度是重量分析的一个重要问题。

（1）沉淀溶解度 难溶化合物MA在水中将有部分溶解，当达到饱和状态时，即建立如下平衡关系：

$$\text{MA(固)} \xrightleftharpoons{K_1} \text{MA(水)} \xrightleftharpoons{K_2} M^+ + A^-$$

MA(水)可以是分子也可能是离子对

根据MA（固）和MA（水）之间的沉淀平衡，得：

$$\frac{\alpha_{\text{MA(水)}}}{\alpha_{\text{MA(固)}}} = K_1 (\text{平衡常数})$$

因固体物质的活度等于1，故：

$$\alpha_{\text{MA(水)}} = \alpha_{\text{MA(固)}} K_1 = S^0$$

式中 S^0——该物质的分子溶解度，又称为固有溶解度。

（2）活度积 根据MA在水中的离解平衡，则有：

$$\frac{\alpha_{M^+} \alpha_{A^-}}{\alpha_{\text{MA(水)}}} = K_2 (\text{平衡常数})$$

$$\alpha_{M^+} \alpha_{A^-} = K_2 S^0 = K_{ap}$$

式中 K_{ap}——活度积常数，简称活度积。由此式计算的溶解度是以活度表示的。

又因：$\alpha_{M^+} = \gamma_{M^+}[M^+]$ $\alpha_{A^-} = \gamma_{A^-}[A^-]$，所以：

$$[M^+][A^-] = \frac{K_{ap}^{\ominus}}{\gamma_{M^+} \gamma_{A^-}} = K_{sp}$$

式中 K_{sp}——溶度积常数，简称为溶度积。它的大小随着溶液中离子强度而变化。

（3）影响沉淀溶解度的因素 在一定条件下，难溶电解质在水中的溶解度大小是由其本身的性质所决定的。但外界条件的变化，会影响沉淀的溶解度。

① 离子效应。当沉淀反应达到平衡后，加入过量的沉淀剂，从而减少沉淀的溶解度，这一效应称之为同离子效应。

但是值得注意的是，沉淀剂加入太多，有时会引起其他作用。对于易挥发的沉淀剂，过量50%～100%比较合适；对于不易挥发沉淀剂，过量20%～50%。

② 盐效应。溶液中存在着非共同离子的强电解质盐类而引起沉淀溶解度增大的现象称为盐效应。

如在纯水中 AgCl 的 S 为 1.3×10^{-5} mol/L；在 0.0100mol/L KNO_3 溶液中，AgCl 的 S 为 1.4×10^{-5} mol/L，此时盐效应就比较显著，并且随强电解质的浓度增大而增大。

③ 酸效应。溶液的酸度对沉淀溶解度的影响，称为酸效应（有副反应发生）。

一般说来，酸效应的作用包括两个方面：a. 酸度高，降低了阴离子浓度；b. 酸度低，金属离子水解而降低阳离子的浓度。

所以，酸效应的作用一般是使沉淀的溶解度增大，并且对于弱酸盐或多元酸盐沉淀的影响比对强酸盐沉淀的影响要大。

④ 配位效应。溶液中存在配位剂，能与生成沉淀的构晶离子或沉淀形成配合物而使沉淀溶解度增大，甚至不产生沉淀，这种现象称为配位效应。

例如：用重量分析法测定 Ag^+ 时，可加入氯化物作为沉淀剂以得到 AgCl 沉淀。若加入过量的 Cl^-，将引起下列副反应：

$$AgCl_2^- + Cl^- \rightleftharpoons AgCl_3^{2-}$$

同样，AgCl 沉淀在氨性溶液中会因为生成银氨配离子而溶解度增大甚至完全溶解。

⑤ 其他影响因素。

a. 温度的影响：随着温度的升高，沉淀溶解度提高。

b. 溶剂的影响：有机溶剂能降低沉淀的溶解度。

c. 颗粒大小的影响：颗粒越小，沉淀溶解度越大。

d. 沉淀结构的影响：亚稳态晶形的沉淀溶解度大于稳定态晶形的溶解度。

第三节 典型案例分析

一、聚合物分析

（一）天然橡胶不饱和度的测定

1. 测试原理

天然橡胶是从天然植物中采集来的一种弹性材料，其橡胶烃的结构主要是顺式 1,4-聚异戊二烯，其结构单元如下：

$$-CH_2-\underset{}{\overset{CH_3}{\overset{|}{C}}}=CH-CH_2-$$

从结构可以看出，天然橡胶含有的不饱和键有规则地分布在整个橡胶分子的长链中，化学反应能力较强。不饱和键可以进行加成、取代、环化等作用，对橡胶的硫化、老化有重要的影响。

生胶的不饱和度是指 1kg 橡胶中含有双键的物质的量。其测定原理是利用卤素与双键反应，因此可以利用氧化还原滴定方法中的碘量法测定天然胶的不饱和度。

2. 药品和仪器

试样：天然烟片胶试样。

药品：丙酮、石油醚、二硫化碳、分析纯；碘化钾溶液（15%）、淀粉溶液（1%）、$Na_2S_2O_3$ 标准滴定溶液 [$c(Na_2S_2O_3)=0.05$mol/L]、韦氏溶液。

仪器：索氏脂肪抽提器、表面皿、烘箱、碘量瓶、滴定管、分析天平等。

3. 测试步骤

① 取适量的天然橡胶在开炼机中压薄、剪碎后用丙酮/石油醚（3/1）抽提 24h 以上后，

在 50℃真空烘箱中干燥至恒重。

② 称取 0.1g（准确至 0.0002g）试样放入 500mL 碘量瓶中，加入 75mL 二硫化碳，停放过夜，加入 25mL 韦氏溶液，充分摇匀；以 15% KI 溶液润湿瓶塞（勿使溶液流入瓶中），在暗处停放 1h，加入 25mL 新配制的 15% KI 溶液和 50mL 煮沸过的蒸馏水，同时洗净瓶塞。用 0.05mol/L 的 $Na_2S_2O_3$ 标准滴定溶液滴定游离的碘。至溶液呈淡黄色时，加入 5mL 1%淀粉指示剂，再继续滴定至蓝色消失，同时做空白实验。

4. 天然橡胶不饱和度的计算

$$\mu=\frac{c(Na_2S_2O_3)V(Na_2S_2O_3)}{2m_s}$$

式中 μ——不饱和度，mol/kg（双键/橡胶）；

$c(Na_2S_2O_3)$——硫代硫酸钠标准滴定溶液的浓度，mol/L；

$V(Na_2S_2O_3)$——滴定时消耗硫代硫酸钠标准滴定溶液的体积，mL；

m_s——试样的质量，g。

5. 注意事项

① 天然橡胶抽提时应尽量碎，以利于抽提完全并利于称量；

② 二硫化碳挥发性较大，使用时注意密封；

③ 硫代硫酸钠标准溶液应保存在棕色试剂瓶中；

④ 实验必要时用硫酸控制酸度且酸度不能过大；

⑤ 生成碘的反应要在碘量瓶中进行，且要在暗处放置，使反应进行完全，碘量瓶要用 KI 溶液或蒸馏水封口，防止碘的挥发损失。

（二）丁基橡胶的不饱和度测定

丁基橡胶由异丁烯和少量异戊二烯合成，其不饱和度由聚合原料的配比决定，其结构单元如下：

$$\left[\begin{array}{c}CH_3\\|\\C\\|\\CH_3\end{array}-CH_2\right]_x\left[CH_2-\begin{array}{c}CH_3\\|\\C\end{array}=CH-CH_2\right]\left[\begin{array}{c}CH_3\\|\\C\\|\\CH_3\end{array}-CH_2\right]_y$$

不饱和度一般不作为丁基橡胶出厂的质量指标。但和天然橡胶一样，其不饱和度影响着性能，因此测定不饱和度非常有必要。丁基橡胶的不饱和度测定是用传统的碘量法来完成。

1. 测试步骤

① 将橡胶样品剪成约宽 2mm 的小条，准确称取 0.5g 的样品(精确至±0.0001g)，然后放入 500mL 的锥形瓶中，加入 100mL 四氯化碳，盖好盖子用磁力搅拌器搅拌 2～3h 至完全溶解。

② 准备另外的锥形瓶加入 100mL 四氯化碳用于空白试验。在样品和空白溶液中按如下顺序加入试剂，每次加入试剂后要充分摇匀。

a. 用移液管加入 5mL 三氯乙酸；

b. 用 25mL 茶色移液管加入 25.0mL 0.1N（当量浓度，相当于 0.05mol/L）碘溶液；

c. 用移液管加入 25mL 乙酸汞溶液。

③ 盖上锥形瓶，于暗处放置 30min 后取出，立即每瓶加入 50mL KI 溶液（用量筒量）和 50mL 蒸馏水，摇匀 1～2min，用经过标定的约为 0.05mol/L 的硫代硫酸钠标准溶液滴定未反应的碘，在滴定过程中硫代硫酸钠标准溶液要逐步加入并不断摇匀，当溶液变成亮黄色时加入 2mL 淀粉指示剂，继续滴至蓝色消失。

2. 计算

① 丁基橡胶的碘值（g/100g 胶）按下式计算：

$$I=(B-S)N\times 12.69/W$$

式中 B——滴定空白溶液所需的硫代硫酸钠标准溶液量，mL；

S——滴定样品液所需的硫代硫酸钠标准溶液量，mL；

N——滴定用硫代硫酸钠标准溶液的浓度，mol/L；

W——橡胶样品量，g。

② 丁基橡胶的不饱和度按下式计算：

$$不饱和度=IM/(129.6\times 3)$$

式中 I——丁基橡胶样品的碘值，g/100g；

M——丁基橡胶单体的平均摩尔质量（IIR1751 取 56.3）；

126.9——碘原子量；

3——经验系数，即在使用碘-乙酸汞的技术条件下，丁基橡胶的每一个双键将与三个碘原子发生反应。

（三）橡胶中 Cl、Br 元素含量的测定

根据国标 GB/T 9872—1998：氧瓶燃烧法测定橡胶和橡胶制品中的溴和氯的含量，能较准确分析橡胶中溴和氯元素的含量。

1. 测试原理

试样在含氢氧化钾和过氧化氢吸收液的氧燃烧瓶中充氧燃烧，有机物中的碳和氢被氧化，卤素转化成钾盐。用电位滴定法或用目视滴定法测定单独或并存的溴和氯的含量。

2. 试剂

95%的乙醇、硫酸（$\rho=1.84$g/mL）、硝酸（$\rho=1.42$g/mL）、硝酸铝、6%过氧化氢溶液（将 20mL 30%的过氧化氢溶液用水稀释至 100mL）、0.5mol/L 硝酸溶液（将 30mL 硝酸用水稀释至 1L）、20g/L 硫酸肼溶液（2g 硫酸肼溶解于 100mL 热水中）、0.02mol/L 氯化钠基准溶液（1.17g 基准氯化钠溶于水中，用水稀释至 1000mL）、硝酸银标准滴定溶液（0.02mol/L）、硝酸汞标准滴定溶液（0.01mol/L）、2g/L 甲基橙溶液（2g 甲基橙溶解于 100mL 水中）、15g/L 二苯偶氮碳酰肼溶液（1.5g 二苯偶氮碳酰肼溶解于 100mL 乙醇中）、0.5g/L 溴酚蓝溶液（0.05g 溴酚蓝溶解于 100mL 乙醇中）。

3. 仪器

氧燃烧瓶（见图 3-5，500mL 碘量瓶，在磨口塞中心部位焊接一段下端呈螺旋状的铂丝，铂丝的直径为 1mm 左右）、氧气钢瓶、磁力搅拌器和磁搅拌棒、自动电位滴定仪、分析天平（精确到 0.1mg）、滴定管。

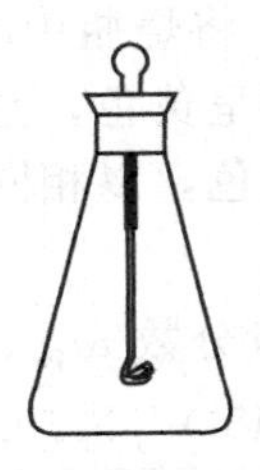

图 3-5　氧燃烧瓶

4. 测试步骤

（1）试样的选择和制备　生胶按照 GB/T 15340—2008 取样和制样。

按照预计的卤素量切取 0.5～2.0g 试样，在实验室开炼机冷辊间薄通 6 次，辊距小于 0.5mm，若试样不可能通过开炼机，则可把它切成每边小于 1mm 的小块。

（2）试样的分解 称取 40～50mg 试样，精确至 0.1mg。试样中至少含有 0.25mmol 的卤素。若已知卤素含量较小，则可在同一吸收瓶的同一吸收溶液上连续燃烧几个（至多四个）胶片，试样用滤纸包好，夹在螺旋状铂丝中，在氧燃烧瓶中，加入 1mL 氢氧化钾溶液、5mL 过氧化氢溶液和 10mL 水。将其放在安全罩内。连接氧气瓶，以至少 2L/min 的流速通氧 1min，当烧瓶中充满氧气后，点燃包试样的滤纸末端，迅速断开氧系统，盖上瓶塞，并用手压紧，瓶口用少量水密封。至火焰熄灭方可将它移出安全罩，瓶内应无黑灰残渣，若有则要用一个较小的试样重新分解，然后停放 1h。打开瓶塞，用水冲洗瓶塞和铂丝，并煮沸以分解过量的过氧化氢，但不能使溶液煮干。

（3）滴定

① 溴、氯（单独或共存时）的电位滴定。将烧瓶中的溶液转移到一个 300mL 烧杯中，用少量水洗涤烧瓶，洗涤液合并入烧杯中，使总体积约在 20mL。烧杯中放一个磁力搅拌棒，将烧杯放在磁力搅拌器上。当存在溴时加 5 滴硫酸肼溶液和 2 滴甲基橙溶液。在搅拌下慢慢加入约 10mL 硝酸溶液至溶液颜色改变，再多加 2mL 硝酸溶液和 2g 硝酸铝，继续搅拌至硝酸铝溶解。加 160mL 乙醇，以银电极为测量电极，硫酸亚汞电极为参比电极，在电位滴定仪上，用硝酸银标准溶液滴定。画出硝酸银溶液体积对毫伏数的曲线，滴定曲线的第一个拐点表示溴的终点，第二个拐点表示氯的终点。若溴和氯是单独存在，溴的拐点出现在约 150mV 处。图 3-6 为典型的滴定曲线。同时相同条件下做一组空白试验。

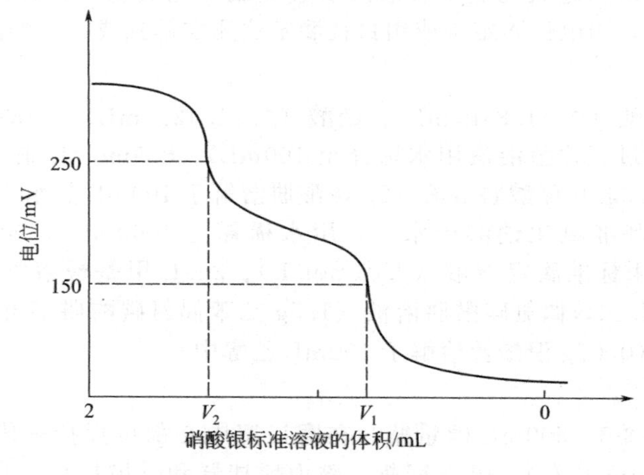

图 3-6 滴定曲线

② 溴、氯（单独存在）的目测滴定。将烧瓶中溶液冷却至室温，加 80mL 乙醇、5 滴溴酚蓝溶液，然后逐滴加入硝酸溶液至溶液呈黄色，过量 3 滴，加 5 滴二苯偶氮碳酰肼溶液，用硝酸汞标准溶液滴定至溶液呈稳定粉红色，以相同条件做一组空白试验。

5. 计算

① 电位滴定法测溴和（或）氯的质量分数 w_{Br}、w_{Cl}，按照以下公式计算

$$w_{Br}=\frac{(V_1-V_0)c_1\times 79.90}{m}\times 100\%$$

$$w_{Cl}=\frac{(V_2-V_1-V_0)c_1\times 35.45}{m}\times 100\%$$

式中 V_1——滴定至第一个拐点所需的硝酸银标准滴定溶液的体积，mL；

V_2——滴定至第二个拐点所需的硝酸银标准滴定溶液的体积，mL；

c_1——硝酸银标准滴定溶液的浓度，mol/L；

m——试样的质量，mg。

② 目测滴定法测定溴或氯的质量分数 w_{Br}、w_{Cl} 按照以下公式计算：

$$w_{Br}=\frac{(V_1-V_0)c_2\times 2\times 79.90}{m}\times 100\%$$

$$w_{Cl}=\frac{(V_1-V_0)c_2\times 2\times 35.45}{m}\times 100\%$$

式中 V_1——滴定至第一个拐点所需的硝酸汞标准滴定溶液的体积，mL；

V_2——滴定至第二个拐点所需的硝酸汞标准滴定溶液的体积，mL；

c_1——硝酸汞标准滴定溶液的浓度，mol/L；

m——试样的质量，mg。

注：所得结果应该保留两位小数。

二、添加剂分析

（一）碳酸钙纯度测定

前面章节引入时讲到了碳酸钙在橡胶工业中起到了非常重要的作用，除了能够起到填充、降低成本作用之外，还能对橡胶进行补强。但是工业上的碳酸钙由于生产方式的不同或者对质量控制不够严格，多少都含有一定的杂质，因此科研上为了能够准确了解碳酸钙用量对橡胶补强效果的影响，或者是在工业上能够准确进行碳酸钙配料，必须要对碳酸钙的纯度进行标定。国家标准中对碳酸钙纯度规定采用配位滴定法进行测定，通过分析其中 Ca 元素的含量来确定工业样品中碳酸钙的含量。

1. 原理

① 用盐酸溶解试样

$$CaCO_3+2HCl = CaCl_2+H_2O+CO_2\uparrow$$

② 调节 pH 值大于 12。

③ EDTA 滴定。滴入 EDTA 和 Ca^{2+} 发生配位反应，观察钙指示剂的颜色变化，当 Ca^{2+} 存在时，溶液为紫红色，当 Ca^{2+} 反应完全，溶液变成蓝色。

2. 原料

① EDTA 标准滴定溶液。c(EDTA)＝0.02mol/L。

② 钙指示剂［2-羟基-1-(2-羟基-磺酸-1-偶氮萘基)-3-萘酸］。称取 10g 于 105℃±5℃下烘干 2h 的 NaCl，置于研钵研细，加入 0.1g 钙指示剂，研细，混合均匀。

③ 盐酸溶液（c＝6mol/L）。

④ NaOH 溶液（w＝10%）。

⑤ 三乙醇胺溶液（w＝30%）。

3. 仪器

烘箱、称量瓶、容量瓶、表面皿、移液管、锥形瓶、滴定管、分析天平等。

4. 测定过程

（1）溶解定容 称取 0.6g 在 105～110℃烘箱中烘至恒重的试样（准确至 0.0002g），置于 25mL 烧杯中，用少量水润湿，盖上表面皿，滴加 6mol/L 盐酸溶液至试样完全溶解，加 50mL，全部移入 250.0mL 容量瓶中，加水至刻度，摇匀。

（2）调节滴定 移取试样溶液 25.00mL 于 250mL 锥形瓶中。加入 5mL 30%三乙醇胺溶液、25mL 水、5mL 10% NaOH 溶液和少量钙指示剂。用 0.02mol/L EDTA 标准滴定溶液滴定溶液由红色变为纯蓝色为终点，记录消耗的 EDTA 标准滴定溶液的体积，平行测定 3 次。

5. 结果计算

碳酸钙的含量为：

$$x=\frac{c(\text{EDTA})V(\text{EDTA})M(\text{CaCO}_3)\times 10^{-3}}{m\times\frac{25.00}{250.0}}\times 100\%$$

式中 $c(\text{EDTA})$——EDTA 标准滴定溶液的浓度，mol/L；

$V(\text{EDTA})$——消耗 EDTA 标准滴定溶液的体积，mL；

$M(\text{CaCO}_3)$——碳酸钙的摩尔质量，g/mol；

m——试样的质量，g。

6. 注意事项

① 基准氧化锌溶解要完全，且要全部转移至容量瓶中。

② 滴加（1+1）氨水调整溶液酸度时要逐滴加入，且边加边摇动锥形瓶，防止滴加过量，以出现浑浊为限。滴加过快时，可能会使浑浊立即消失，误以为还没有出现浑浊。

③ 加入 NH_3-NH_4Cl 缓冲溶液后应尽快滴定，不宜放置过久。

④ 防止终点过量。

（二）防焦剂水杨酸纯度的测定

凡少量添加到胶料中即能防止或迟缓胶料在硫化前的加工和储存过程中发生早期硫化（焦烧）现象的物质，都称为防焦剂（或硫化迟延剂）。水杨酸是有机酸类防焦剂，具有污染性小，但防焦性能稍差，并有减慢硫化速率、促进制品老化等缺点，其结构见图 3-7。橡胶中添加的水杨酸属于工业级，浅粉红色至棕色结晶粉末，在水中微溶、在沸水中溶解，在乙醇或者乙醚中溶解。工业级水杨酸的纯度应该≥99%，其中含有少量的苯酚、硫酸盐、水分、灰分和一些碱性不溶物，为了保证水杨酸在橡胶中的防焦效果，一般在使用前要对水杨酸的纯度进行测试。

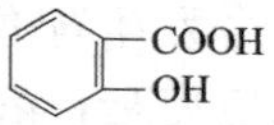

COOH
OH

图 3-7 水杨酸分子式

1. 测试原理

每个水杨酸分子中含有一个羧酸基团，利用已知浓度的氢氧化钠标准溶液进行滴定即可得到水杨酸的纯度。

防焦剂水杨酸纯度测定的原理是：

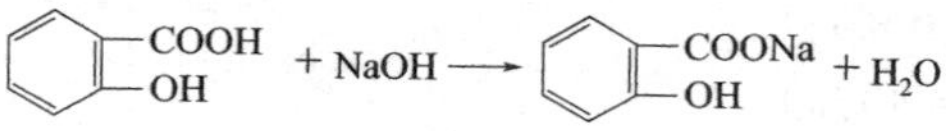

$$\text{C}_6\text{H}_4(\text{OH})\text{COOH} + \text{NaOH} \longrightarrow \text{C}_6\text{H}_4(\text{OH})\text{COONa} + \text{H}_2\text{O}$$

2. 仪器和药品

（1）仪器 分析天平、锥形瓶、滴定管等。

（2）药品 防焦剂水杨酸（工业品）、95%乙醇（AR）、NaOH 溶液（0.1moL/L）、1-萘酚酞 0.2%乙醇溶液（称取 0.2g 1-萘酚酞溶于 50mL 乙醇中，然后加入蒸馏水 50mL）。

3. 操作步骤

① 用分析天平准确称取 2 份水杨酸试样 0.4g（准确至 0.0002g），置于 250mL 锥形瓶中，加 25mL 95%乙醇，待试样完全溶解后加 25mL 蒸馏水，摇匀。

② 加入5滴1-萘酚酞指示剂，用0.1moL/L NaOH溶液滴定至浅绿色不褪色为终点。

③ 同条件下作空白实验。

注：要求两次测定结果的平均偏差不能大于0.2%。

4. 数据记录与处理

水杨酸纯度的计算公式为：

$$x(\%)=\frac{(V_1-V_2)c(\mathrm{NaOH})\times 0.1381}{m}\times 100$$

式中 V_1——滴定试样所消耗的NaOH标准溶液的体积，mL；

V_2——空白试验时所消耗的NaOH标准溶液的体积，mL；

m——试样的质量，g；

0.1381——水杨酸的毫摩尔质量，g/mmol。

水杨酸纯度测定的数据记录及结果处理见表3-12。

表3-12 水杨酸纯度测定的数据记录及结果处理

项目 \ 次数	Ⅰ	Ⅱ	Ⅲ(空白)
防焦剂水杨酸质量/g			—
NaOH溶液初读数/mL			
NaOH溶液终读数/mL			
消耗NaOH溶液体积/mL			
c(NaOH)/(mol/L)			
水杨酸纯度 x/%			—
平均水杨酸纯度 x/%			—
相对平均偏差/%			—

5. 注意事项

① 防焦剂水杨酸取样时，因是工业品，应注意可能混入的杂质要及时除去，结块的应粉碎。

② 用95%乙醇溶解试样时应充分完全，然后才能加蒸馏水。

(三)工业硬脂酸皂化值、酸值、碘值计算

硬脂酸[IUPAC系统命名法：十八碳酸；结构简式：$CH_3(CH_2)_{16}COOH$；英文名：stearic acid]是一种饱和脂肪酸。由油脂水解生产，它是一种难溶于水的蜡状固体，可溶于乙醇和丙酮，易溶于乙醚、氯仿、四氯化碳、苯和二硫化碳等溶剂中。

硬脂酸广泛应用于PVC塑料管材、板材、型材、薄膜的制造。是PVC热稳定剂，具有很好的润滑性和较好的光、热稳定作用。在塑料PVC管中，硬脂酸有助于防止加工过程中的“焦化”，在PVC薄膜加工中添加是一种有效的热稳定剂，同时可以防御暴置于硫化物中所引起的成品薄膜变色。

硬脂酸在橡胶的合成和加工过程中起重要作用。硬脂酸是天然橡胶、合成橡胶和胶乳中广泛应用的硫化活性剂，也可用作增塑剂和软化剂。在生产合成橡胶过程中需加硬脂酸作乳化剂，在制造泡沫橡胶时，硬脂酸可作起泡剂，硬脂酸还可用作橡胶制品的脱模剂。

硬脂酸质量控制的因素主要有皂化值、酸值、碘值等相关指标。

1. 碘值测定

(1) 定义 碘值指的是100g硬脂酸试样所吸收的卤素，以相当碘的质量(g)表示。

(2) 原理 氯化碘与硬脂酸中不饱和酸起加成反应，用硫代硫酸钠标准滴定溶液滴定过剩的氯化碘和碘分子，计算出与硬脂酸中的不饱和酸反应所消耗的氯化碘相当的硫代硫酸钠标准滴定溶液的体积，再计算出碘值。反应如下：

$$I_2 + Cl_2 \longrightarrow 2ICl$$

$$RCH \cdot CHR_2 + ICl \longrightarrow RCHI \cdot CHClR_2$$

$$ICl + KI \longrightarrow KCl + I_2$$

$$I_2 + 2Na_2S_2O_3 = 2NaI + Na_2S_4O_6$$

(3) 试剂 乙酸、碘化钾（150g/L 水溶液）、盐酸（1.19g/mL）、环己烷-乙酸混合液（1∶1 体积比）、硫酸、碘、氯气（99.8%）、淀粉指示剂（10g/L）、硫代硫酸钠（0.1mol/L 标准溶液）、氯化碘溶液（韦氏溶液）。

(4) 仪器 碘量瓶（250mL）、具塞滴定管（25mL，棕色）、容量瓶（1000mL，棕色）、移液管（10mL、25mL）。

(5) 测试过程 称取干燥试样 2～3g，置于碘量瓶中，加入环己烷-乙酸溶液 20mL。待试样溶解后，用移液管加入韦氏溶液 25mL，充分摇匀后置于 25℃左右的暗处保持 30min，然后将碘量瓶从暗处取出，加入碘化钾溶液 20mL，再加入蒸馏水 100mL，用硫代硫酸钠标准滴定溶液滴定，边摇边滴定至溶液呈淡黄色时，加入淀粉指示溶液 1mL，继续滴定至蓝色消失为止。同时作空白试验。

(6) 结果计算 硬脂酸的碘值（IV）以克每百克（g/100g）表示，按照下式计算：

$$IV = \frac{(B-S)c \times 0.1269}{m}$$

式中 B——空白试验所消耗硫代硫酸钠标准滴定溶液的体积，mL；

S——试验份所消耗硫代硫酸钠标准滴定溶液的体积，mL；

0.1269——碘原子的毫摩尔质量，g/mmol；

c——硫代硫酸钠标准滴定溶液的浓度，mol/L；

m——试验份的质量，g。

以两次平行测定结果的算术平均值表示至小数点后两位数作为测定结果。

2. 皂化值

(1) 定义 在规定的试验条件下，皂化 1g 硬脂酸试样所消耗的氢氧化钾质量（mg）。

(2) 试剂 氢氧化钾（c=0.5mol/L 的乙醇溶液）、盐酸（c=0.5mol/L 的标准滴定溶液）、酚酞指示剂（10g/L）。

(3) 仪器 锥形瓶（250mL）、具塞滴定管（50mL）、恒温水浴或电热板。

(4) 测试过程 称取 2g 试样（称准至 0.001g）于锥形瓶中。用移液管加入氢氧化钾乙醇溶液 50mL，然后装上回流冷凝管，置于水浴或者电热板上维持微沸腾状态 1h，勿使蒸汽逸出冷凝管，取下后，加入酚酞指示液 6 滴，趁热以盐酸标准滴定溶液滴定至红色恰好消失为止，同时作空白试验。

(5) 结果计算 硬脂酸的皂化值（SV）以毫克每克（mg/g）表示

$$SV = \frac{(V_2 - V_1)c \times 56.1}{m}$$

式中 V_2——空白试验所消耗盐酸标准滴定溶液的体积，mL；

V_1——试验所消耗盐酸标准滴定溶液的体积，mL；

c——盐酸标准滴定溶液的浓度，mol/L；

56.1——实验中以克表示的氢氧化钾的摩尔质量，g/mol；

m——试验份的质量，g。

以两次平行测定结果的算术平均值表示至小数点后两位数作为测定结果。

3. 酸值

(1) 定义 中和1g硬脂酸试样所消耗的氢氧化钾质量(mg)。

(2) 试剂 氢氧化钾(c=0.1mol/L乙醇标准滴定溶液)、95%乙醇、酚酞指示剂(10g/L)。

(3) 仪器 锥形瓶(200mL)、滴定管(50mL)。

(4) 测试过程 称取1g试样于锥形瓶中,加入乙醇约70mL,加热使其溶解。加入酚酞指示剂6滴,立刻以氢氧化钾乙醇标准滴定溶液滴定至淡粉色,维持30s不褪色为终点。

(5) 结果计算 硬脂酸的酸值(AV)以毫克每克(mg/g)表示

$$AV=\frac{Vc\times 56.1}{m}$$

式中 V——试验份所消耗氢氧化钾标准滴定溶液的体积,mL;

c——氢氧化钾标准滴定溶液的浓度,mol/L;

56.1——实验中以克表示的氢氧化钾的摩尔质量,g/mol;

m——试验份的质量,g。

以两次平行测定结果的算术平均值表示至小数点后两位数作为测定结果。

思考与练习

1. 根据具体测定方法的不同,化学分析法又可分为哪两类?
2. 滴定过程中什么是"滴定终点",什么是"等当量"点,两者是否一样?
3. 什么是滴定度,滴定度和物质的量浓度之间如何换算?
4. 请说明直接滴定法、返滴定法、置换滴定法、间接滴定法的区别?
5. 请分别写出物质的量浓度、质量浓度、质量分数、体积比浓度的符号、单位和意义。
6. 缓冲液的作用是什么?
7. 滴定25.00mL氢氧化钠溶液,消耗$c\left(\frac{1}{2}H_2SO_4\right)$=0.1250mol/L硫酸溶液35.02mL,求氢氧化钠溶液的物质的量浓度。
8. 什么是化学计量点?
9. 酸碱滴定法选择指示剂时应该考虑哪些因素?
10. 莫尔法选择的指示剂是什么? 简述其工作原理。
11. EDTA全称是什么? 它和金属离子形成配合物时一般配比是多少? 用EDTA做配合剂的优点有哪些?
12. 请详细说明该如何配制下列溶液。

(1) 用2.17mol/L HCl溶液配制500.0mL 0.1200mol/L HCl溶液。

(2) 用固体NaOH配制500mL 0.1mol/L NaOH溶液。

(3) 用基准物$K_2Cr_2O_7$配制0.02000mol/L $K_2Cr_2O_7$溶液500.0mL。

第四章

高分子材料仪器分析法

学习目标

1. 了解仪器分析法的特点及应用。
2. 掌握红外分析法的测试原理、试样制备方法、测试步骤、谱图分析方法。
3. 掌握紫外-可见分光光度法的原理、测试步骤、谱图分析方法。
4. 了解凝胶色谱分析法的目的、步骤及测试过程中的影响因素。
5. 掌握凝胶色谱分析法的测试原理。
6. 了解常见热分析法的种类、简称以及应用。
7. 掌握热重分析法、差热分析法、差示扫描量热法的测试原理。
8. 了解电子显微镜分析的原理、分类以及不同电镜的特点。
9. 能够根据目的选择合适的分析方法并进行准确分析。

【引入】

橡胶或橡胶制品在加工、储存和使用的过程中，由于受内、外因素的综合作用（如热、氧、臭氧、金属离子、电离辐射、光、机械力等），性能逐渐下降，以至于最后丧失使用价值，这种现象称为橡胶的老化。

橡胶老化的现象多种多样，例如：生胶经久储存时会变硬，变脆或者发黏；橡胶薄膜制品（如雨衣、雨布等）经过日晒雨淋后会变色，变脆以致破裂；在户外架设的电线、电缆，由于受大气作用会变硬，破裂，以致影响绝缘性；在仓库储存的或其他制品会发生龟裂；在实验室中的胶管会变硬或发黏等。此外，有些制品还会受到水解的作用而发生断裂或受到霉菌作用而导致破坏……所有这些都是橡胶的老化现象。

在橡胶的合成及加工过程中，往往残留或混入一些变价金属离子，它们对橡胶的氧化反应具有强烈的催化作用，能迅速使橡胶氧化破坏，尽管它们在橡胶中的含量很微小，但其破坏作用是很惊人的，这些金属离子包括Cu、Co、Mn、Fe、Ni和Al等。它们对合成橡胶的催化氧化作用较对NR稳定，对合成侧乙烯基较多的聚丁二烯橡胶来说，金属催化氧化作用较为稳定，而含有极性基团的NBR、CR对金属催化氧化作用的稳定性更大。因此在橡胶配混和成型之前要测定生胶或者配合剂中的金属含量。如何更快、更精准地进行测定，化学分析法存在一定的局限性，因此我们可以借助一些先进的仪器来进行检测。

第一节　仪器分析的应用及发展

仪器分析是分析化学的一个重要部分，是以物质的物理或物理化学性质作为基础的一类分析方法。一般来说，仪器分析指采用比较复杂或者特殊的仪器设备，通过测量物质的某些物理化学性质的参数及其变化来获取物质的化学组成、成分含量及化学结构等信息的一类方法。

和传统的化学分析法相比，仪器分析法的灵敏度高，检出限量可降低。如样品用量由化学分析的 mL、mg 级降低到仪器分析的 μL、μg 级，甚至更低。适合于微量、痕量和超痕量成分的测定。很多的仪器分析方法可以通过选择或调整测定的条件，使共存的组分测定时，相互间不产生干扰。操作简便，目前大部分都能实现计算机计算，分析速度快，容易实现自动化。但是目前仪器分析法测试时，样品用量相对更少，由于设备、试样或者参数的不稳定，会产生较大的误差。同时，现在测试仪器一般比较贵，特别是一些大型精密测试仪器，限制了仪器分析检测的大面积推广。

仪器分析法起源于 20 世纪 40 年代，一方面由于生产和科学技术发展的需要，另一方面由于物理学革命使人们的认识进一步深化，分析化学也发生了变革，从传统的化学分析发展为仪器分析。

仪器分析学科的发展经历了三次巨大变革：第一次是随着分析化学基础理论，特别是物理化学的基本概念（如溶液理论）的发展，使分析化学从一种技术演变成为一门科学；第二次变革是由于物理学和电子学的发展，改变了经典的以化学分析为主的局面，使仪器分析获得蓬勃发展；目前，分析化学正处在第三次变革时期，生命科学、环境科学、新材料科学发展的要求，生物学、信息科学、计算机技术的引入，使分析化学进入了一个崭新的境界。第三次变革的基本特点：从采用的手段看，是在综合光、电、热、声和磁等现象的基础上进一步采用数学、计算机科学及生物学等学科新成就对物质进行纵深分析的科学；从解决的任务看，现代分析化学已发展成为获取形形色色物质尽可能全面的信息、进一步认识自然、改造自然的科学。现代分析化学的任务已不只限于测定物质的组成及含量，而是要对物质的形态（氧化-还原态、配位态、结晶态）、结构（空间分布）、微区、薄层及化学和生物活性等作出瞬时追踪、无损和在线监测等分析及过程控制。

随着计算机和互联网的不断发展，仪器分析正向智能化方向发展，发展趋势主要表现在，基于微电子技术和计算机技术的应用实现仪器分析的自动化，通过计算机控制器和数字模型进行数据采集、运算、统计、处理，提高分析仪器数据处理能力，数字图像处理系统实现了仪器分析数字图像处理功能的发展；仪器分析的联用技术向测试速度超高速化、分析试样超微量化、仪器分析超小型化的方向发展。

联用分析技术已成为当前仪器分析的重要发展方向。将几种方法结合起来，特别是分离方法（如色谱法）和检测方法（红外光谱法、质谱法、核磁共振波谱法、原子吸收光谱法等）的结合，汇集了各自的优点，弥补了各自的不足，可以更好地完成试样的分析任务。

近年来，仪器分析飞速发展，新方法、新技术、新仪器层出不穷，仪器分析的应用也日益普遍。仪器分析向高分子材料学等领域继续渗透，不仅能够对高分子材料组分进行定性定量分析，能对高分子材料分子量及其分布进行准确估算，还能对材料的微观形态和结构组成进行表征，从而进一步推动高分子领域向着智能化、高端化及功能化发展。

本章主要介绍高分子材料领域里常用的几种仪器分析方法。

第二节 红外光谱分析法

一、概述

红外光谱分析法是高分子材料分析的一种重要手段。测试方便快捷，固态、液态甚至气态试样均能进行测试。和传统的化学分析法相比，不需要对试样进行复杂的前期提纯过程，简化了操作过程。对于一些复杂配方的高分子材料，例如加入大量填料和着色剂的高分子材料，常规的分析方法无法对其进行准确鉴别，红外光谱分析法能很好地解决这个问题。同时，测试过程中需要的试样用量非常少，一般只需要几毫克，甚至低至 1μg。这些优点决定了红外光谱测试法在高分子材料分析领域的大面积使用。在长期的实验过程中，该方法已经积累了大量的已知物质的光谱标准谱图，便于以后实验谱进行对比，能够快速对材料中的组分进行分析。

19 世纪初英国天文学家 F. W. Herschel 通过实验证实了红外光的存在。20 世纪初人们进一步系统地了解了不同官能团具有不同红外吸收频率这一事实。1950 年以后出现了自动记录式红外分光光度计。随着计算机科学的进步，1970 年以后出现了傅里叶变换型红外光谱仪。红外测定技术如全反射红外、显微红外、光声光谱以及色谱-红外联用等也不断发展和完善，使红外光谱法得到广泛应用。

红外吸收光谱具有高度的特征性，除光学异构外（指分子结构完全相同，物理化学性质相近，但旋光性不同的物质。这是由于分子链上不对称碳原子所带基团的排列方式不同所形成，又称立体异构），没有两种化合物的红外光谱是完全相同的。红外光谱中往往具有几组相关峰可以相互佐证而增强了定性和结构分析的可靠性，因此在官能团定性方面，是紫外、核磁、质谱等结构分析方法所不及的。红外光谱法可测定链、位置、顺反、晶型等异构体，而质谱法对异构体的鉴别则无能为力；红外光谱测定的样品范围广，无机、有机、高分子等气、液、固态样品都可测定。而核磁样品需配在特定的试剂（氘代试剂）中，质谱样品需有一定蒸气压；红外光谱测定的样品用量少（一般只需数毫克）、测定速度快（FTIR 仅需数秒钟），仪器操作简便、重现件好；设备比核磁、质谱便宜得多，并且已积累了大量标准红外光谱图可供查阅，所以它在有机物和高聚物的定性与结构分析中已得到普及应用。

红外吸收光谱法也有其局限性，即有些物质不能产生红外吸收峰。例如原子（Ar、Ne、He 等），单原子离子（K^+、Na^+、Ca^{2+} 等），同质双原子分子（H_2、O_2、N_2 等）以及对称分子都无吸收峰：有些物质不能用红外光谱法鉴别，例如光学异构体，不同分子量的同一种高聚物往往不能鉴别。因此一些复杂物质的结构分析，还必须用拉曼光谱、核磁、质谱等方法配合。此外，红外光谱中的一些吸收峰，尤其是指纹峰往往不能做理论上的解释，它不像核磁谱峰那样都有其归属。定量分析的准确度和灵敏度低于可见-紫外吸收光谱法。

红外吸收光谱法在合成纤维、橡胶、塑料、涂料和黏合剂等高分子材料研究方面，用于单体、聚合物、添加剂的定性、定量和结构分析；端基、支化度、共聚物系列分布等链结构的研究，以及结晶度、取向性等聚集态结构的研究；还用于高聚物力学性能、聚合反应和光热老化机理等研究。在无机化合物研究方面，用于黏土、矿石、矿物等类型的鉴别及其某些加工工艺过程的研究，用于某些新型无机材料的测试，例如 Si_3N_4 中杂质 SiO_2 及 Si/N 比的测定，光纤中杂质羟基的测定，半导体材料内 O、C 等杂质元素的测定，高分子材料中无机填料的鉴别、催化剂表面结构、化学吸附和催化反应机理的研究以及络合物性质与结构研究等方面。此外，红外吸收光谱法还用于分子结构的基础研究，例如通过测定分子键长、键角来推断分子的立体构型。通过测定简振频率、计算力常数来推测化学键的强弱等等。

二、测试原理

光是一种电磁波，而电磁波是一种以很高速度通过空间传播的光量子流，具有波动性和粒子性。光的波动性是指光具有波的性质，反映在光能够产生折射、衍射、干涉、偏振等现象。光的粒子性是指光由一粒一粒不连续的粒子流构成，这种粒子称为光量子或光子。它是一种实物粒子，具有质量 m、能量 E 和动量 P。光子的能量 E 与光的频率 ν 及波长 λ 的关系为：

$$E=h\nu=h\frac{c}{\lambda}$$

式中，h 为普朗克常量，其值为 6.63×10^{-34}J·s；c 为光速，真空中其数值约为 3×10^{10}cm/s。当 λ 以 cm 为单位时，E 的单位为焦耳（J）。

将各种电磁波（光）按其波长或频率大小顺序排列成图表，即为电磁波谱，根据波长不一样，可以分成无线电波、微波、红外光、可见光、紫外光等（见图 4-1），从图中可以看出波长越小，能量越大。表 4-1 列出了各电磁波谱区及有关参量。

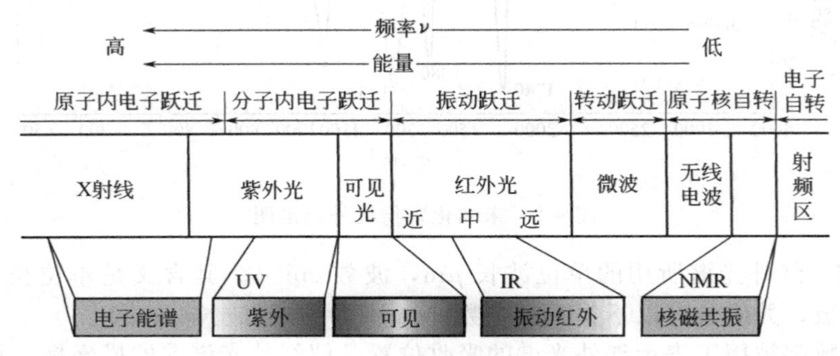

图 4-1　电磁波谱

表 4-1　电磁波谱区及有关参量

波谱区名称	波长范围	光子能量/eV	波谱区名称	波长范围	光子能量/eV
γ 射线	5×10^{-4}～0.014nm	2.5×10^{6}～8.3×10^{-3}	近红外线	0.75～2.5μm	1.7～0.5
X 射线	10^{-2}～10nm	1.2×10^{6}～1.2×10^{2}	中红外线	2.5～25μm	0.5～0.02
远紫外线	10～200nm	125～6	远红外线	25～500μm	2×10^{-2}～4×10^{-4}
近紫外线	200～380nm	6～3.1	微波	0.1～100cm	4×10^{-4}～4×10^{-7}
可见光	380～780nm	3.1～1.7	无线电波	1～1000m	4×10^{-7}～4×10^{-10}

红外线所具有的量子化能量可以激发分子的振动和转动能级，只有当红外线能量刚好能够激发某一化学键从基态跃迁到激发态的某种振动时所需要的能量时，这样的红外线才能被样品吸收，在谱图上对应的波长位置出现吸收峰。红外光谱研究的内容涉及的是分子运动，因此称之为分子光谱。

红外光指的是波长范围从 0.7～500μm 的光，具体可细分为近红外、中红外、远红外光三个区域。

（1）近红外　是指波长范围 0.7～2.5μm 的红外光。适用于分析天然有机物，如糖、蛋白质、油等。

（2）中红外　是指波长范围从 2.5～25μm 的红外光，是分子结构分析最有用、信息最丰富的区域。绝大部分有机化合物的基频振动出现在该区域。

（3）远红外　是指波长范围从 25～500μm 的红外光。适用于元素有机物的分析，主要用来测定化合物的骨架振动、晶格振动，含有重金属元素的化合物可以在这个区域吸收。

由于近红外区域中可研究的基团比较少，远红外谱图中吸收带的指纹指认又比较困难，对于高分子材料的红外分析，我们一般在中红外区进行研究。

这段波长范围反映出分子中原子间的振动和变角振动，分子在振动运动的同时还存在转动运动。在红外光谱区实际所测得的图谱是分子的振动与转动运动的加合表现，即所谓振转光谱。每一化合物都有其特有的光谱，因此使我们有可能通过红外光谱对化合物作出分析鉴别。

三、红外光谱图

1. 组成

图 4-2 是一个未知化合物的红外光谱图，该图由以下几部分组成：

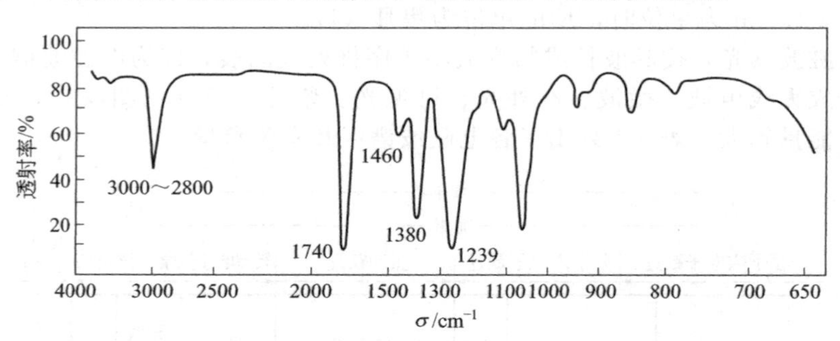

图 4-2 未知化合物红外光谱图

(1) 波数 红外光谱所用的单位波长 μm，波数 cm^{-1}。其含义是单位长度（1cm）中所含的波的个数，并应具有以下关系：波数（cm^{-1}）$=10^4$/波长（μm）

波长和波数都被用于表示红外光谱的吸收位置，即红外光谱图的横坐标。目前倾向于普遍采用波数为单位。

(2) 透射率 红外光谱图的纵坐标代表红外光穿透试样产生的透射率，其符号用 T 表示，用百分数来表示。它反映的是试样吸收红外光的强度。

2. 分析方法

红外光谱中有许多峰，对谱图进行分析时，可以结合峰的位置、峰的强度和峰的形状等多方面综合考虑。

(1) 峰的位置 峰的位置是红外定性分析和结构分析的重要依据，它指出了官能团的特征吸收峰。但是根据分子中基团所处的不同状态和分子之间可能存在的干扰，特征吸收峰会发生相应的变动。

(2) 峰的形状 峰的形状可以在指证官能团时起到一定的作用。比如说，不同官能团可能在相同或者相近的位置出现吸收峰，这时就可以根据这个波峰的宽度来进行判断。

(3) 峰的强度 峰的强度通常作为高分子材料定量计算的一个依据。对于同一个基团，含量越高峰强越大。红外吸收强度取决于振动时偶极矩变化的大小。因此，分子中含有杂原子时，其红外吸收一般都较强；反之，两端取代基差别不大的碳-碳键的红外吸收则较弱。基团的极性越大，吸收峰越强。如羰基特征峰在整个图谱中一般总是最强峰之一。

四、红外光谱仪

20 世纪初人们进一步系统地了解了不同官能团具有不同红外吸收频率这一事实。1950 年以后出现了自动记录式红外分光光度计。随着计算机科学的进步，1970 年以后出现了傅里叶变换型红外光谱仪。红外测定技术如全反射红外、显微红外、光声光谱以及色谱-红外联用等也不断发展和完善，使红外光谱法得到广泛应用。目前市场上常见的红外光谱仪主要有两类：色散型（即光栅式）红外光谱仪和傅里叶变换红外光谱仪。

1. 色散型红外光谱仪

20 世纪 70 年代中期至 80 年代，色散型红外光谱仪诞生，到目前为止，国内还有厂家在生产，用户还有很多。该仪器的特点是：采用双光束结构。使用单光束仪器时，大气中的

H_2O、CO_2 在重要的红外区域内有较强的吸收，因此需要一参比光路来补偿，使这两种物质的吸收补偿到零。采用双光束光路可以消除它们的影响，测定时不必严格控制室内的湿度及人数。其具体工作原理如图 4-3 所示。

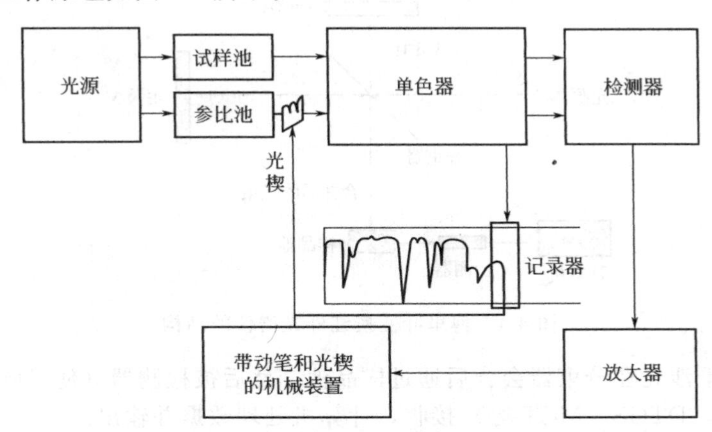

图 4-3　色散型红外光谱仪工作原理

图 4-3 中，光源发出的光被分成两束，分别作为参比光和样品光通过样品池。各光束交替通过扇形镜，利用参比光路的衰减器（又称为光楔或减光器）对经参比光路和样品光路的光的吸收强度进行对照。因此通过参比和样品后溶剂的影响被消除，得到的谱图就是样品本身的吸收。

单色器在样品室之后。由于红外光源的低强度、检测器的低灵敏度（使用热电偶时），故需要对信号进行大幅度放大。而红外光谱仪的光源能量低，即使靠近样品也不足以使其产生光分解。而单色器在样品室之后可以消除大部分散射光而不至于到达检测器。

色散型光谱仪在使用过程中存在相当多的不足，例如：需采用狭缝，光能量受到限制；扫描速度慢，不适于动态分析及和其他仪器联用；不适于过强或过弱的吸收信号的分析；光栅或反光镜的机械轴长时间连续使用容易磨损，影响波长的精度和重现性等。现在已经逐步被傅里叶变换红外光谱仪取代。

2. 傅里叶变换红外光谱仪（FTIR）

随着光电子学尤其是计算机技术的迅速发展，20 世纪 70 年代出现了新一代的红外光谱测量技术和仪器——基于干涉调频分光的 Fourier 变换的红外光谱仪。这种仪器不用狭缝，因而消除了狭缝对通光量的限制，可以同时获得光谱所有频率的全部信息。它具有许多优点：扫描速度快，测量时间短，可在 1s 内获得红外光谱，适于对快速反应过程的追踪，也便于和色谱法联用；灵敏度高，检出量可达 $10^{-9}\sim10^{-12}$ g；分辨本领高，波数精度可达 $0.01cm^{-1}$；光谱范围广，可研究整个红外区（$10000\sim10cm^{-1}$）的光谱；测定精度高，重复性可达 0.1%，而杂散光小于 0.01%。

傅里叶变换红外光谱仪的结构如图 4-4 所示。光源发出的光被分束器分为两束，一束经反射到达动镜，另一束经透射到达定镜。两束光分别经定镜和动镜反射再回到分束器，从而产生干涉。动镜做直线运动，因而干涉条纹产生连续的变换。干涉光在分束器会合后通过样品池，然后被检测器（傅里叶变换红外光谱仪的检测器有 TGS，DTGS，MCT 等）接收，计算机处理数据并输出。

光源发出的光被分束器分为两束，一束经反射到达动镜，另一束经透射到达定镜。两束光分别经定镜和动镜反射再回到分束器，从而产生干涉。动镜做直线运动，因而干涉条纹产

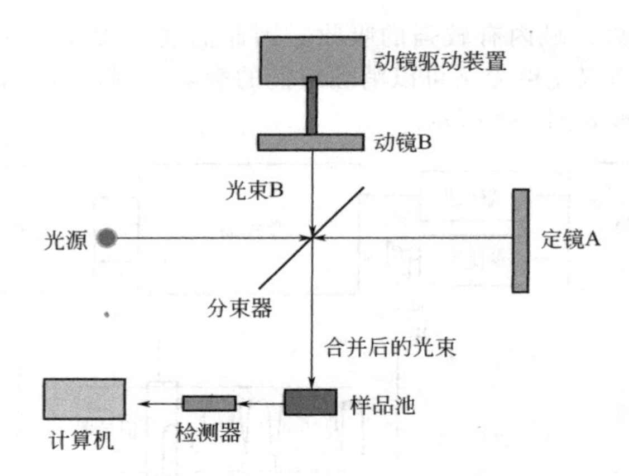

图 4-4 傅里叶变换红外光谱仪的结构

生连续的变换。干涉光在分束器会合后通过样品池，然后被检测器（傅里叶变换红外光谱仪的检测器有 TGS，DTGS，MCT 等）接收，计算机处理数据并输出。

五、试样制备

用于红外光谱测试的试样，可以是气体、液体和固体。为了保证测试的精准性，试样应该满足以下几个条件：①试样应为“纯物质”（>98%），通常在分析前，样品需要纯化；②试样不含有水（因为水可产生红外吸收并且可侵蚀盐窗）；③试样浓度或厚度应适当，定性分析中，所制备的试样最好使最强吸收峰的透射率为 10%左右比较合适。

（一）固体试样

1. 压片法

取 1～2mg 的试样在玛瑙研钵中研磨成细粉末，与干燥的溴化钾（A、B 级）粉末（约 100mg，粒度 200 目）混合均匀，装入模具内，在压片机上压制成测试样。

压片质量直接决定了测试结果的好坏，压片时，容易出现的问题如下所述。

① 透过片子看远距离物体透光性差，片上存在不规则疙瘩。这可能是由于溴化钾不纯或者溴化钾受潮结块造成的。

② 片子出现许多白色斑点，其余部分清晰透明。这主要是由于研磨不均，有少量粗粒存在。

③ 整个片子不透明。这主要是由于压片压力不够，加上分散不好。

2. 糊状法

在玛瑙研钵中，将干燥的试样研磨成细粉，然后滴入 1～2g 液体石蜡混合成糊状，涂于溴化钾或者氯化钠窗片上测试。

3. 溶液法

把试样溶解于适当的溶液中，注入液体池内测试。所选择的溶液应不腐蚀池窗，在分析波数范围内没有吸收，并对溶质不产生溶剂效应。一般使用 0.1mm 的液体池，溶液浓度在 10%为宜。

（二）液体试样

1. 非水溶性试样

非水溶性油状或者黏稠液体，直接涂于溴化钾窗片上测试，非水溶性的流动性大，沸点低的液体，可夹在两块溴化钾窗片之间或者直接注入厚度适当的液体池内测试，使用相应的溶剂清洗红外窗片。

2. 水溶性试样

可用有机溶剂萃取水中的有机物，然后将溶液挥发，所留下的液体涂于溴化钾窗片上测试，应特别注意含水的试样不能直接注入溴化钾或者氯化钠液体池内测试。水溶性液体也可选择其他窗片进行测试。

（三）气体试样

直接注入气体池内测试。

（四）特殊试样

对于一些特殊试样，如金属表面镀膜，无机涂料板的漫反射率和反射率的测试等，则要采用特殊附件，如：漫反射、ATR（衰减全反射）等附件。

六、测试步骤

① 把制备好的试样放入样品架，然后插入仪器样品。

② 打开测试软件，设置相关参数（包括采样次数、分辨率等）。

③ 采集测试背景（为了去除水、二氧化碳以及仪器对测试结果的影响）。

④ 采集试样。

⑤ 分析测试结果。

七、红外谱图分析

（一）红外吸收波段

红外谱图按波数可分为以下六个区，现结合最常见的基团进行讨论。同学们能够根据吸收峰的位置、结合峰的形状和强度来进行结构判断。

1. 4000～2500cm^{-1}

这段范围是X—H（X包括C、N、O、S等）伸缩振动区。

（1）羟基（醇和酚的羟基） 羟基的吸收于3200～3650cm^{-1}范围。羟基可形成分子间或分子内氢键，而氢键所引起的缔合对红外吸收的位置、形状、强度都有重要影响。

游离（无缔合）羟基仅存在于气态或低浓度的非极性溶剂的溶液中，其红外吸收在较高波数（3610～3640cm^{-1}），峰形尖锐。

当羟基在分子间缔合时，形成以氢键相连的多聚体，红外吸收位置移向较低波数（3300cm^{-1}附近），峰形宽而钝。

羟基在分子内也可形成氢键，使羟基红外吸收移向低波数，羧酸内由于羰基和羟基的强烈缔合，吸收峰的底部可延续到约2500cm^{-1}，形成一个很宽的吸收带。

当样品或溴化钾晶体含有微量水分时，会在约3300cm^{-1}附近出现吸收峰，如含水量较大，谱图上在约1630cm^{-1}处也有吸收峰，若要鉴别微量水与羟基，可观察指纹区内是否有羟基的吸收峰，或将干燥后的样品用石蜡油调糊作图，或将样品溶于溶剂中，以溶液样品作图，从而排除微量水的干扰。游离羟基的吸收因在较高波数（约3600cm^{-1}），且峰形尖锐，因而不会与水的吸收混淆。

（2）氨基 氨基的红外吸收与羟基类似，游离氨基的红外吸在3300～3500cm^{-1}范围，缔合后吸收位置降低约100cm^{-1}。

伯胺有两个吸收峰，因NH_2有两个N—H键，它有对称和非对称两种伸缩振动，这使得它与羟基形成明显区别，其吸收强度比羟基弱，脂肪族伯胺更是这样。

仲胺只有一种伸缩振动，只有一个吸收峰，其吸收峰比羟基的要尖锐些。芳香仲胺的吸收峰比相应的脂肪仲胺波数偏高，强度较大。

叔胺因氮上无氢，在这个区域没有吸收。

（3）烃基 C—H 键振动的分界线是 $3000cm^{-1}$。不饱和碳（双键及苯环）的碳氢伸缩振动频率大于 $3000cm^{-1}$，饱和碳（除三元环外）的碳氢伸缩振动频率低于 $3000cm^{-1}$，这对分析谱图很重要。不饱和碳的碳氢伸缩振动吸收峰强度较低，往往大于 $3000cm^{-1}$，以饱和碳的碳氢吸收峰的小肩峰形式存在。

C═C—H 的吸收峰在约 $3300cm^{-1}$，由于它的峰很尖锐，不易与其他不饱和碳氢吸收峰混淆。

饱和碳的碳氢伸缩振动一般可见四个吸收峰，其中 CH_3：约 $2960cm^{-1}$、约 $2870cm^{-1}$；CH_2：约 $2925cm^{-1}$、约 $2850cm^{-1}$。由这两组峰的强度可大致判断 CH_2 和 CH_3 的比例。

CH_3 或 CH_2 与氧原子相连时，其吸收位置都移向较低波数。

当进行未知物的鉴定时，看其红外谱图 $3000cm^{-1}$ 附近很重要，该处是否有吸收峰，可用于有机物和无机物的区分（无机物无吸收）。

2. 2500～2000cm⁻¹

这是三键和累积双键（—C≡C—、—C≡N、$\rangle$C═C═C$\langle$、—N═C═O、—N═C═S等）的伸缩振动区。在这个区域内，除有时作图未能全扣除空气背景中的二氧化碳（$2365cm^{-1}$、$2335cm^{-1}$）的吸收之外，此区间内任何小的吸收峰都应引起注意，它们都能提供结构信息。

铵盐。其特征为 $2700～2200cm^{-1}$ 之间有一群峰。

3. 2000～1500cm⁻¹

此处是双键的伸缩振动区，这是红外谱图中很重要的区域。

（1）羰基 这个区域内最重要的是羰基的吸收，大部分羰基化合物集中于 $1650～1900cm^{-1}$。除去羧酸盐等少数情况外，羰基峰都尖锐或稍宽，其强度都较大，在羰基化合物的红外谱图中羰基的吸收一般为最强峰或次强峰。含有羰基的化合物在红外谱图中吸收峰的位置见表 4-2。

表 4-2 羰基化合物在红外谱图中吸收峰的位置

化合物名称	波数/cm^{-1}	化合物名称	波数/cm^{-1}
酸酐	1740～1850	五元环内酯	1750～1780
酰卤	1800	四元环内酯	1820～1885
酯	1740	醛	1730
酮	1715	酰胺	1650～1690

（2）苯环 苯环的骨架振动在约 $1450cm^{-1}$、约 $1500cm^{-1}$、约 $1580cm^{-1}$、约 $1600cm^{-1}$。约 $1450cm^{-1}$ 的吸收与 CH_2、CH_3 的吸收很靠近，因此特征不明显。后三处的吸收则表明苯环的存在。虽然这三处的吸收不一定同时存在，但只要在 $1500cm^{-1}$ 或 $1600cm^{-1}$ 附近有吸收，原则上即可知有苯环（或杂芳环）的存在。

（3）芳香杂环 芳香杂环和苯环有相似之处，如呋喃在约 $1600cm^{-1}$、约 $1500cm^{-1}$、约 $1400cm^{-1}$ 三处均有吸收谱带，吡啶在约 $1600cm^{-1}$、约 $1570cm^{-1}$、约 $1500cm^{-1}$、约 $1435cm^{-1}$ 处有吸收。

(4) 硝基 这个区域除上述 C ═O、C ═C 双键吸收之外，尚有 C ═N、N ═O 等基团的吸收。含—NO_2 基团的化合物（包括硝基化合物、硝酸酯等），因两个氧原子连在同一氮原子上，因此具有对称、非对称两种伸缩振动，但只有反对称伸缩振动出现在这一区域。

硝基基团在红外光谱中具有很特征的吸收：υ_{as,NO_2} 约 1565cm^{-1}（强、宽），υ_{s,NO_2} 约 1360cm^{-1}（稍弱）。

4. 1500～1300cm^{-1}

除前面已讲到苯环（其中约 1450cm^{-1}、约 1500cm^{-1} 的红外吸收可进入此区）、杂芳环（其吸收位置与苯环相近）、硝基的 υ_s 等的吸收可能进入此区之外，该区域主要提供了 C—H 弯曲振动的信息。

甲基（CH_3）在约 1380cm^{-1}、约 1460cm^{-1} 同时有吸收，当前一吸收峰发生分叉时表示偕二甲基（二甲基连在同一碳原子上）的存在，这在核磁氢谱尚未广泛应用之前，对判断偕二甲基起过重要作用，现在也可以作为一个鉴定偕二甲基的辅助手段。偕三甲基的红外吸收与偕二甲基相似。

亚甲基（CH_2）仅在约 1470cm^{-1} 处有吸收。

5. 1300～910cm^{-1}

所有单键的伸缩振动频率、分子骨架振动频率都在这个区域。部分含氢基团的一些弯曲振动和一些含重原子的双键（P═O，P═S 等）的伸缩振动频率也在这个区域。这个区域的红外吸收频率信息十分丰富。该区域可出现的吸收峰见表 4-3。

表 4-3 1300～910cm^{-1} 可出现的吸收峰

化合物	吸收峰波数/cm^{-1}	
酯	υ_{C-O} 约 1200cm^{-1}	
醇	υ_{C-O} 约 1100cm^{-1}	
酚	υ_{C-O} 约 1230cm^{-1}	
脂肪醚	υ_{C-O-C} 1150～1060cm^{-1}	
芳香醚	$\upsilon_{=C-O-C}$ 1280～1220cm^{-1} 芳香部分，强吸收 1055～1000cm^{-1} 脂肪部分，强度略逊	
砜(SO_2)	υ_{as} 1350～1290cm^{-1} 强 υ_s 1160～1120cm^{-1} 强 δ610～525cm^{-1} 强度略逊	
亚砜(SO)	υ1000～1100cm^{-1}	
磺酸及盐 $RSO_2 \cdot OH$(无水) $RSO_2 \cdot OH \cdot H_2O$ CH_3SO_2OH	υ_{as,SO_2} 1350～1342cm^{-1} 1230～1120cm^{-1} 1190	υ_{a,SO_2} 1165～1150cm^{-1} 1080～1010cm^{-1} 1050
有机磷化合物 $(RO)_2(R)P═O$ $(RO)_3P═O$	$\upsilon_{P=O}$ 1265～1230cm^{-1} 1286～1258cm^{-1}	υ_{P-O-C} 1050～1030cm^{-1} 1050～950cm^{-1}

6. 910cm^{-1} 以下

苯环因取代而产生的吸收（900～650cm^{-1}）是这个区域很重要的内容。这是判断苯环取代位置的主要依据（吸收源于苯环 C—H 的弯曲振动），当苯环上有强极性基团的取代时，常常不能由这一段的吸收判断取代情况。

（二）指纹区和官能团区

从前面六个区的讨论我们可以看到，由第 1～4 区（即从 4000～1300cm^{-1} 范围）的吸收都有一个共同点：每一红外吸收峰都和一定的官能团相对应。因此，就这个特点而言，我们称这个大区为官能团区。第5区和第6区与官能团区不同。虽然在这个区域内的一些吸收也对应着某些官能团，但大量的吸收峰仅显示了化合物的红外特征，犹如人的指纹，故称为指纹区。

官能团区和指纹区的存在是容易理解的。含氢的官能团由于折合质量小，含双键或三键的官能团因其键力常数大，这些官能团的振动受其分子剩余部分影响小，它们的振动频率较高，因而易于与该分子中的其他振动相区别。这个高波数区域中的每一个吸收，都和某一含氢官能团或含双键、三键的官能团相对应，因此形成了官能团区。第一，分子中不连氢原子的单键的伸缩振动及各种键的弯曲振动由于折合质量大或键力常数小，这些振动的频率相对于含氢官能团的伸缩振动及部分弯曲振动频率或相对于含双键、三键的官能团的伸缩振动频率都处于低波数范围，且这些振动的频率差别不大；第二，在指纹区内各种吸收频率的数目多；第三，在该区内各基团间的相互连接易产生各种振动间较强的相互耦合作用；第四，化合物分子存在骨架振动。基于上述诸多原因，因此在指纹区内产生了大量的吸收峰，且结构上的细微变化都可导致谱图的变化，即形成了该化合物的指纹吸收。

指纹区中650～910cm^{-1}区域又称为苯环取代区，苯环的不同取代位置会在这个区域内有所反映。

指纹区和官能团区的不同功用对红外谱图的解析很理想。从官能团区可找出该化合物存在的官能团；指纹区的吸收则宜于用来与标准谱图（或已知物谱图）进行比较，得出未知物与已知物结构相同或不同的确切结论。官能团区和指纹区的功用正好相互补充。

（三）红外谱解析要点

1. 红外吸收谱的三要素（位置、强度、峰形）

在解析红外谱时，要同时注意红外吸收峰的位置、强度和峰形。吸收峰的位置（即吸收峰的波数值）无疑是红外吸收最重要的特点。然而，在确定化合物分子结构时，必须将吸收峰位置辅以吸收峰强度和峰形来综合分析。

每种有机化合物均显示若干红外吸收峰，因而易于对各吸收峰强度进行相互比较。从大量的红外谱图可归纳出各种官能团红外吸收的强度变化范围。所以，只有当吸收峰的位置及强度都处于一定范围时才能准确地推断出某官能团的存在。以羰基为例，羰基的吸收是比较强的，如果1680～1780cm^{-1}（这是典型的羰基吸收区）有吸收峰，但其强度低，这并不表明所研究的化合物存在羰基，而是说明该化合物中存在着羰基化合物的杂质。吸收峰的形状也决定于官能团的种类，从峰形可辅助判断官能团。以缔合羟基、缔合伯氨基及炔氢为例，它们的吸收峰位置只略有差别，但主要差别在于吸收峰形不一样：缔合羟基峰圆滑而钝；缔合伯氨基吸收峰有一个小或大的分岔；炔氢则显示尖锐的峰形。

总之，只有同时注意吸收峰的位置、强度、峰形，综合地与已知谱图进行比较，才能得出较为可靠的结论。

2. 同一基团的几种振动的相关峰是同时存在的

对任意一个官能团来讲，由于存在伸缩振动（某些官能团同时存在对称和反对称伸缩振动）和多种弯曲振动，因此，任何一种官能团会在红外图的不同区域显示出几个相关的吸收峰。所以，只有当几处应该出现吸收峰的地方都显示吸收峰时，方能得出该官能团存在的结论。以甲基为例，在2960cm^{-1}、2870cm^{-1}、1460cm^{-1}、1380cm^{-1}处都应有C—H的吸收峰出现。以长链CH_2为例，2920cm^{-1}、2850cm^{-1}、1470cm^{-1}、720cm^{-1}处都应出现吸收峰。当分子中存在酯基时，能同时见到羰基吸收和C—O—C的吸收。

3. 红外光谱图解析顺序

在解析红外光谱图时，可先观察官能团区，找出该化合物存在的官能团，然后再查看指纹区。

八、案例分析

1. 高分子材料鉴别

聚乙烯（PE）和聚丙烯（PP）分子结构非常相近，而且由于两者都是半结晶材料，结晶度不一样，透光性也会发生变化。两者燃烧现象接近，密度差别不大，因此通过前面提到的常规检测法，很难将 PP 和 PE 准确区分开。而显色鉴定法又比较繁琐，效率不高。

通过红外光谱分析法，能够对两种材料的分子结构进行准确分析。聚乙烯红外光谱图如图 4-5所示，全同聚丙烯红外光谱图如图 4-6 所示。

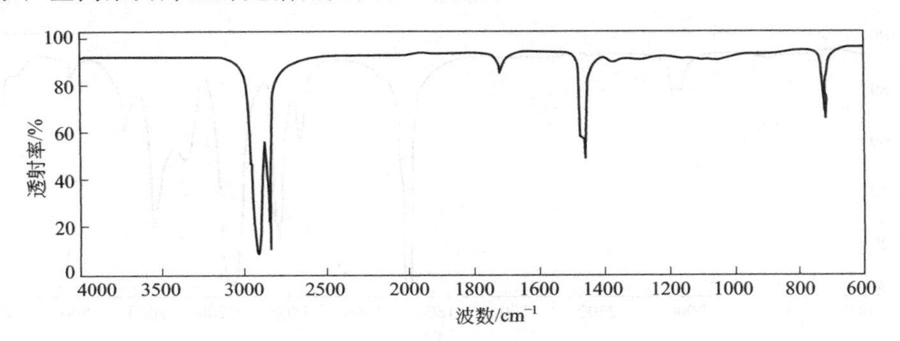

图 4-5　聚乙烯红外光谱图

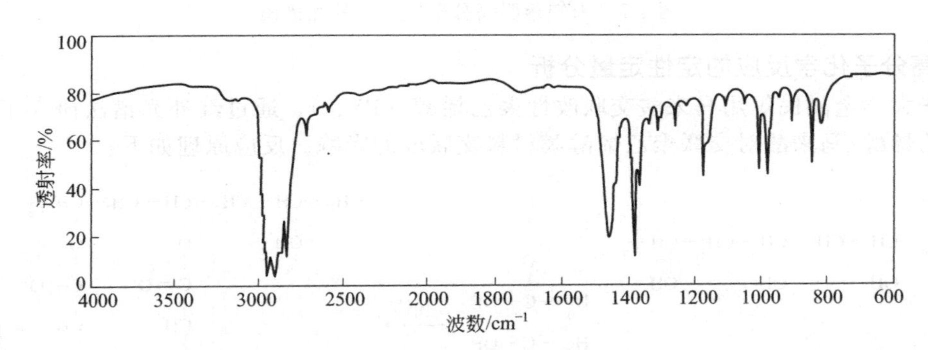

图 4-6　全同聚丙烯红外光谱图

聚乙烯红外光谱是最简单的高分子光谱图。在约 2950cm^{-1}、1460cm^{-1}和 720cm^{-1}/730cm^{-1}处有 3 个很强的吸收峰，它们分别归属 C—H 的伸缩、弯曲和摇摆振动。720cm^{-1}/730cm^{-1}是双重峰，其中 720cm^{-1}是无定形聚乙烯的吸收峰，730cm^{-1}是结晶聚乙烯的吸收峰。由于实际聚乙烯很少是完全线型的，低密度聚乙烯有许多支链，因而在 1378cm^{-1}处能观察到甲基弯曲振动谱带。

聚丙烯中每两个碳就有一个甲基支链，因而除了 1460cm^{-1}的—CH_2 弯曲振动外，还有很强的甲基弯曲振动谱带出现在 1378cm^{-1}。—CH_3 和—CH_2 的伸缩振动叠加在一起，出现了 2800～3000cm^{-1}的多重峰。

聚丙烯红外光谱图的另一个主要特点是在 970cm^{-1}和 1155cm^{-1}处呈现的［$CH_2CH(CH_3)$］的特征峰。全同聚丙烯与无规聚丙烯的主要区别是，全同聚丙烯除上述五条谱带外，在 841cm^{-1}、998cm^{-1}和 1304cm^{-1}等还存在系列与结晶有关的谱带，而无规聚丙烯不能结晶，故不存在这些谱带。

对比两者谱图，结合 PE 和 PP 的结构特点，就能准确地区分两种不同的材料。

2. 高分子材料定性分析

某一透明高分子材料的红外光谱图如图 4-7 所示，最强吸收带在 $1740cm^{-1}$，该吸收是由 C═O 伸缩振动产生的。在 $1240cm^{-1}$处的宽吸收峰源于 O═C—O—CH 中的—COO—伸缩振动。这两个吸收带的同时存在说明是酯。在 $1020cm^{-1}$处的吸收带是由于 O═C—O—CH 中的 O—CH 伸缩振动产生的，进一步说明酯的存在。$1370cm^{-1}$吸收源于甲基弯曲振动，该吸收比通常的甲基弯曲振动吸收强，这种吸收强度的增加是由于甲基与羰基直接相连的结果，说明乙酸酯的存在。如果将光谱记录到 $400cm^{-1}$，可以看到 $700\sim600cm^{-1}$的一些吸收带对乙酸酯也是特征的。结合该材料透明外观，猜测该材料可能是聚乙酸乙烯酯。再与标准光谱进行比较。

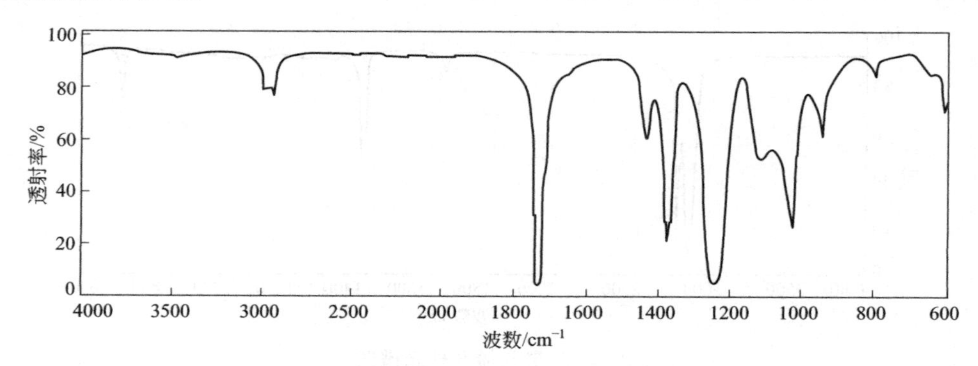

图 4-7 未知透明高分子材料红外光谱图

3. 高分子化学反应的定性定量分析

清华大学金喆民等用马来酸交联改性聚乙烯醇（PVA），通过红外光谱法研究了不同配比的聚乙烯醇/马来酸对交联聚乙烯醇膜材料交联度的影响。反应原理如下：

$$\left[\mathrm{CH_2-CH(OH)-CH_2-CH(OH)-CH_2-CH(OH)}\right]_m + \mathrm{HOOC-CH{=}CH-COOH} + \left[\mathrm{CH_2-CH(OH)-CH_2-CH(OH)-CH_2-CH(OH)}\right]_n \xrightarrow{加热}$$

$$\left[\mathrm{CH_2-CH(OH)-CH_2-CH(O-)-CH_2-CH(O-)}\right]_m \quad (\mathrm{-O-C(=O)-CH{=}CH-C(=O)-O-},\ \mathrm{-O-C(=O)-CH{=}CH-C(=O)-OH}) \quad \left[\mathrm{CH_2-CH(OH)-CH_2-CH(O-)-CH_2-CH(OH)}\right]_n + H_2O\uparrow$$

这是一个酯化交联反应，在较高的温度下反应产物之一的水以蒸汽形式离开膜表面，使得可逆的酯化反应向单方向进行，提高了反应的平衡常数。由于酯化反应本身速率较慢，平衡常数不高，即使高温交联较长时间也难以完全反应，最终加入的交联剂会以 3 种形式存在：完全反应（形成 2 个酯键）、单酯化（二元酸的一端反应成酯键，另一端不反应）和完全不反应（以二元酸形式游离存在于高分子链之间）。

马来酸交联聚乙烯醇实验中，分别配制了理论交联度为 1%、2%、3.5%、5%、7.5% 和 10%的反应物。测试了这六种不同反应物的交联产物红外光谱图（见图 4-8），从图中可以看出交联反应的结果是在 PVA 的高分子链间引入了羰基，在红外光谱中 $1750\sim1700cm^{-1}$处产生羰基吸收峰，随着理论交联度提高，羰基峰不断增强。$1428cm^{-1}$附近的亚甲基的变形振动峰强度基本不变。这是由于亚甲基主要存在于主链上，含量不随交联度变化，因此采用羰基峰和亚甲基峰的峰高之比可以半定量地表征 PVA 的交联度。

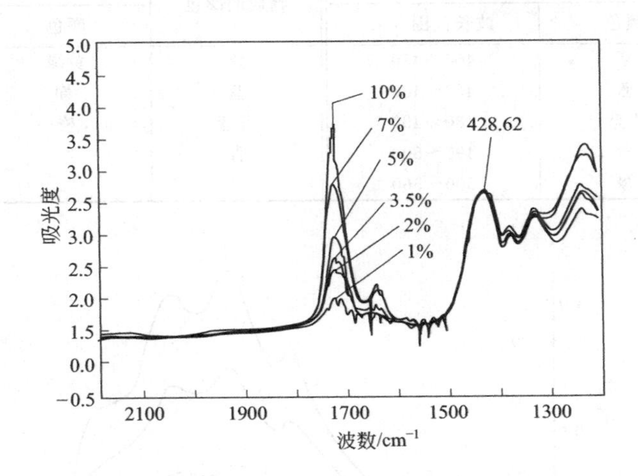

图 4-8 不同理论交联度下马来酸交联聚乙烯醇产物红外光谱图

第三节 紫外-可见分光光度法

一、紫外-可见吸收光谱分析测试基本原理

一般物质对光辐射都有吸收作用，并具有选择性，即同一物质对各种波长的光吸收程度不同。分光光度法就是根据物质对不同光的吸收特征而对物质进行定性与定量分析。紫外-可见分光光度法所测试液的浓度下限为 $10^{-5} \sim 10^{-6}$ mol/L（达微克数量级），相对误差一般为 2%～5%，具有灵敏度高、准确度好、选择性高、操作简便、分析速度快等优点，所以广泛应用在化工、食品、生物、材料等领域的分析检测中。

分光光度法按所用光的波谱区域不同可分为可见分光光度法、紫外分光光度法和红外分光光度法。其中紫外分光光度法和可见分光光度法合称紫外-可见分光光度法。

1. 光的性质

光的一个重要性质是具有互补性。光可分为单色光和复合光。具有单一频率的光称为单色光；含有多种波长的光称为复合光。从普通光源发出的光以及日常所见到的阳光都是复合光，习惯上称为白光。一束白光通过棱镜后可以色散为红、橙、黄、绿、青、蓝、紫。如果把适当颜色的两种光按一定强度比例混合，也可成为白光，光的这种性质称为光的互补性，这两种颜色的光称为互补光。如黄色光与蓝色光互补，绿色光和紫色光互补。它们按一定强度比例混合都可以得到白光。

2. 物质对光的选择性吸收

物质呈现的颜色是因它选择性地吸收某波长的光而呈现吸收光的互补色的颜色。表 4-4 给出了物质呈现的颜色和吸收光颜色及波长。

物质对光选择性吸收的特性通常用吸收曲线来进行描述。将不同波长的单色光透过某一固定浓度和厚度的某物质的溶液，测量每一波长下溶液对光的吸光度（A），然后以波长为横坐标，吸光度为纵坐标作图，所得曲线即为该物质的吸收曲线（也称为吸收光谱）。图 4-9所示的是三种不同浓度 $KMnO_4$ 溶液的三条光吸收曲线（吸收光谱）。

表 4-4　物质呈现的颜色和吸收光颜色及波长

物质的颜色	吸收光		物质的颜色	吸收光	
	颜色	波长范围/nm		颜色	波长范围/nm
黄绿	紫	400～450	紫	黄绿	560～580
黄	蓝	450～480	蓝	黄	580～600
橙	青蓝	480～490	青蓝	橙	600～650
红	青	490～500	青	红	650～750
紫红	绿	500～560			

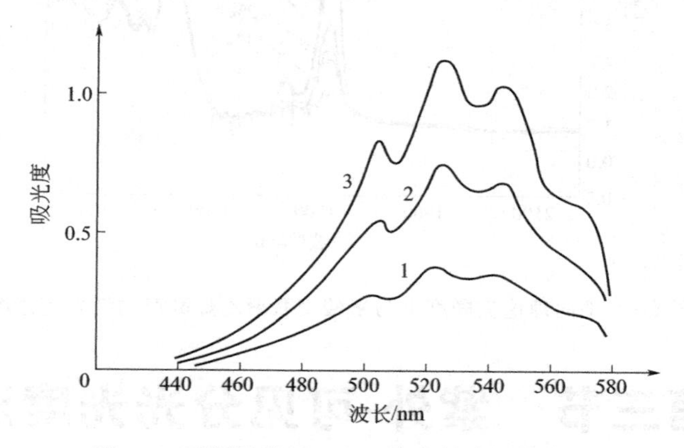

图 4-9　不同浓度 $KMnO_4$ 溶液的光吸收曲线

1—1.56×10^{-4}mol/L；2—3.12×10^{-4}mol/L；3—4.68×10^{-4}mol/L

① 高锰酸钾溶液对不同波长的光的吸收程度是不同的，对波长为 525nm 的绿色光吸收最多，在吸收曲线上有一最高峰（称为吸收峰），光吸收程度最大处的波长称为最大吸收波长（λ_{max}）。

② 不同浓度的高锰酸钾溶液，其吸收曲线的形状是相似的，λ_{max} 也一样。不同的是吸收峰的高度随浓度的增加而增高，在 λ_{max} 处吸光度 A 的差异最大。此特性可作为物质定量分析的依据。

③ 不同物质的吸收曲线，其形状和 λ_{max} 各不相同。这也是用吸收曲线作为物质定性分析的依据。

吸收曲线可以提供被测物质的信息，作为物质定性、定量的依据。

3. 光吸收定律

(1) 光吸收定律的表达式　当一束强度为 I_0 平行单色光垂直入射通过浓度为 c、液层厚度为 b 的吸光物质后，透过光的强度为 I_t，$\frac{I_t}{I_0}$ 称为透射率，用 $T/\%$ 表示。$-\lg\frac{I_t}{I_0}$ 称为吸光度，用 A 表示。所以

$$A=-\lg T=Kbc \tag{4-1}$$

这就是光吸收定律，也称朗伯-比尔定律，即一束平行单色光垂直通过均匀、透明的吸光物质的稀溶液时，溶液的吸光度与溶液浓度和液层厚度的乘积成正比。这是分光光度法定量分析的依据。

朗伯-比尔定律应用的条件：①必须使用单色光；②吸收发生在均匀的介质；③吸收过程中，吸收物质互相不发生作用。

(2) 吸光系数　式(4-1) 中比例常数 K 称为吸光系数，其大小取决于吸光物质的性质、入射光波长、溶液温度和溶剂性质等，与溶液浓度大小和液层厚度无关。但随溶液浓度和吸

收池厚度所采用的单位的不同而异。常用的有摩尔吸光系数［ε，单位 L/(mol·cm) 常省略］和质量吸光系数（α）。

(3) 吸光度的加和性　如果在同一均匀的非散射溶液中，同时含有几种不同的吸光组分，且各组分之间不发生化学反应，当一平行单色光束垂直通过时，则该混合溶液的总吸光度等于溶液中各组分在同一波长下的分吸光度之和。这就是吸光度加和性原理，其数学表达式为

$$A=A_1+A_2+A_3+\cdots+A_i+\cdots+A_n=\sum A_i$$

(4) 偏离朗伯-比尔定律的因素　根据朗伯-比尔定律，A 与 c 的关系是一条通过原点的直线，称为"标准曲线"。但在实际工作中，往往会偏离线性而发生弯曲，如图 4-10 中的虚线。

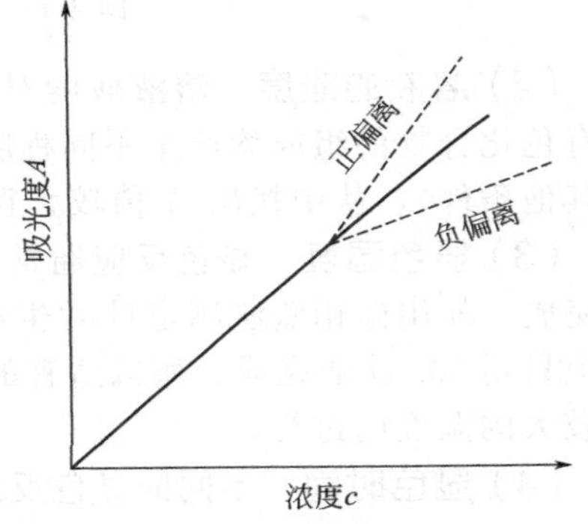

图 4-10　偏离吸收定律

导致偏离朗伯-比尔定律的因素主要有以下几种。

① 入射光为非单色光引起的偏离。严格地说吸收定律只适用于入射光为单色光的情况。但在紫外-可见光分光光度法中，入射光是由连续光源经分光器分光后得到的，这样得到的入射光并不是真正的单色光，而是一个有限波长宽度的复合光，这就可能造成对吸收定律的偏离。

② 溶液的化学因素引起的偏离。试液中各组分的相互作用，如缔合、离解、光化反应、异构化、配位数目改变等，会引起待测组分吸收曲线的变化等原因而发生偏离朗伯-比尔定律的现象。

③ 比尔定律的局限性引起偏离。比尔定律只适用于浓度小于 0.01mol/L 的稀溶液。若浓度较高时，吸光粒子间平均距离减小，以致每个粒子都会影响其邻近粒子的电荷分布。这种相互作用使它们的摩尔吸光系数发生变化，因而导致偏离比尔定律。

二、可见分光光度法

可见分光光度法是利用测量有色物质对某一单色光吸收程度进行定量的。而许多物质不产生吸收或吸收不大，这就需要选择适当的试剂与被测组分反应，生成有色化合物，然后再对其进行测量，这种反应称为显色反应，所用试剂称为显色剂。

1. 显色剂的选择

① 选择性好：干扰少或者容易排除。

② 灵敏度高：要求反应生成的有色化合物的摩尔吸光系数大。

③ 生成的有色化合物性质要稳定，组成要恒定并符合一定的化学式。

④ 有色化合物与显色剂的颜色差别要大。

2. 显色条件的选择

(1) 显色剂用量　多数显色反应都是配位反应，故显色反应可表示为

$$\mathrm{M}+n\mathrm{R} \rightleftharpoons \mathrm{MR}_n$$

式中，M 代表待测组分；R 代表显色剂；MR_n 代表有色配合物。

在被测组分一定及其他实验条件不变的情况下，分别加入不同量显色剂测得 A 值，绘制吸光度（A）-显色剂浓度（c_R）曲线，常见以下三种情况，如图 4-11 所示。

图 4-11(a) 表明显色剂浓度在 $a\sim b$ 范围内吸光度出现稳定值，合适的显色剂用量可以在此范围内选择；图 4-11(b) 表明显色剂浓度在 $a'\sim b'$ 范围内吸光度比较稳定，合适的显色剂用量可以在此范围内选择，但在显色时要严格控制用量；图 4-11(c) 表明随着显色剂浓度增大，吸光度也不断增大，这种情况下要严格控制显色剂用量或者更换另外合适的显色剂。因此，显色剂的适当用量应通过实验来确定。

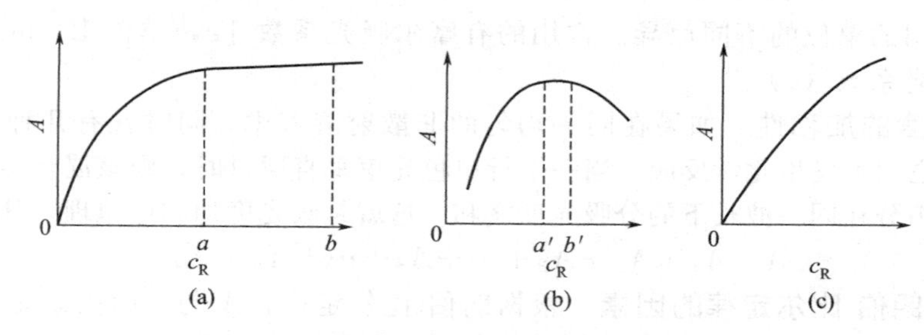

图 4-11　吸光度与显色剂浓度的关系曲线

（2）溶液的酸度　溶液酸度对显色剂的有效浓度和颜色、被测离子的有效浓度、生成的有色化合物的组成均产生不同程度的影响。适宜的 pH 通过实验确定：作 A-pH 曲线（固定其他条件），从中找出 A 值较大且基本不变的某 pH 范围。

（3）显色温度　显色反应通常在室温下进行，但有些显色反应必须加热至一定温度才能完成。如用硅钼蓝法测定硅时生成硅钼黄的反应，在室温下需 20min 才能完成，在沸水浴中只要 30s 就能完成。所以适宜的温度需要通过实验确定：绘制 A-T（℃）曲线，选择在 A 较大的温度内进行。

（4）显色时间　不同的显色反应达到最大颜色深度即最大吸光度所需要的显色时间往往不同。确定适宜的显色时间同样需要通过实验作出显色温度下的 A-t 曲线，选择在该曲线的吸光度较大且恒定的平坦区域所对应的时间范围内完成测定是最适宜的。

（5）溶剂　在显色反应中，溶剂影响有色化合物的稳定性、溶解度和测定的灵敏度。因此在选择显色反应条件的同时需选择合适的溶剂。水作为溶剂简便且无毒，所以一般采用水相测定。但对于大多数不溶于水的有机物的测定，常使用脂肪烃、甲醇、乙醇和乙醚等有机溶剂。

（6）显色反应中的干扰及消除　分光光度法中，若共存离子本身有色或与显色剂形成的配合物有色将干扰待测组分的测定。通常采用下列方法进行消除。

常用的消除干扰的方法有如下几种。

① 离子显色，而干扰离子不生成有色化合物。如磺基水杨酸测定 Fe^{3+} 时，Cu^{2+} 也能与之形成黄色配合物而干扰测定。若控制 pH 为 2.5 时，Fe^{3+} 能与磺基水杨酸生成配合物，而 Cu^{2+} 则不能，因此可用此法消除共存离子的干扰。

② 加入掩蔽剂：使其只与干扰离子反应生成不干扰测定的配合物。例如测定 Ti^{4+} 时，可加入 H_3PO_4 作掩蔽剂，使共存的 Fe^{3+}（黄色）生成 $[Fe(PO_4)_2]^{3-}$（无色），消除干扰。

③ 改变干扰离子的价态：利用氧化还原反应改变干扰离子的价态，消除干扰。例如用铬天青 S 光度法测定 Al^{3+} 时，加入抗坏血酸作掩蔽剂，把 Fe^{3+} 转变成 Fe^{2+}，消除 Fe^{3+} 的干扰。

④ 选择合适的入射光波长：例如用 4-氨基安替吡啉显色测定废水中酚含量时，氧化剂铁氰化钾和显色剂 4-氨基安替吡啉都呈黄色干扰测定，在 420nm 和 520nm 两个测定波长处可选择用 520nm 单色光作为入射光，则可消除干扰。因为黄色溶液在 420nm 处有强吸收，但在 520nm 处无吸收。

⑤ 分离干扰离子：当没有适当的掩蔽剂或其他合适的方法消除干扰时，可采用适当的方法进行分离。如电解法、沉淀法、溶剂萃取及离子交换法，将干扰组分与待测组分分离，然后再进行测定。

此外，也可以利用双波长法、导数光谱法等新技术来消除干扰。

3. 测量条件的选择

(1) 入射光波长的选择 入射光波长的选择依据是吸收曲线，一般以最大吸收波长 λ_{max} 为测量的入射光波长。因为在此波长处灵敏度高，干扰小。但若在 λ_{max} 处有干扰，则应选择灵敏度稍低的、能避免干扰的其他波长进行测定。

(2) 参比溶液的选择 参比溶液是用来调节透射率为 100%（$A=0$）的溶液。测定时实际上是以通过参比溶液的光作为入射光来测定试液的吸光度。这样可以消除试液中其他基体组分以及吸收池和溶剂对入射光的反射和吸收所带来的误差，比较真实地反映了待测物质对光的吸收。

根据情况的不同，常用的参比溶液可分为以下几种。

① 溶剂参比：当溶液中只有待测组分在测定波长处有吸收，其他组分均无吸收，常采用溶剂作参比。常用蒸馏水作参比溶液。

② 试剂参比：如果显色剂或其他试剂均有吸收，而试样液无吸收时，可采用不加试样的显色剂和试样液的溶液作参比溶液。

③ 试样参比：如果试样基体有吸收，而显色剂或其他试剂无吸收，可用不加显色剂的试样溶液作参比溶液。

④ 色参比：如果显色剂及样品基体有吸收，这时可在显色液中加入某种褪色剂，选择性的与被测离子配位（或改变其价态），生成稳定无色的配合物，使已显色的产物褪色。用此溶液作参比则溶液称为褪色参比。

(3) 吸光度测量范围的选择 任何类型的分光光度计都有一定的测量误差，其透射率读数误差 ΔT 是一个常数，大约在 ±0.2% 之间。而测定结果误差常用浓度相对误差 $\Delta c/c$ 表示，那么透射比和 $\Delta c/c$ 有何关系呢？

根据朗伯-比尔定律，即 $-\lg T=\varepsilon bc$，整理得

$$\frac{\Delta c}{c}=\frac{0.434}{T\lg T}\Delta c$$

由此可知，当 $T=36.8\%$（$A=0.434$）时，$\Delta c/c=1.4\%$ 最小。

当 T 在 10%～70%（$A=0.2\sim0.8$）的范围内，$\Delta c/c$ 较小。所以实际工作中，可通过控制溶液的浓度和吸收池的厚度使溶液的吸光度在适宜的范围内。

三、定量方法

分光光度法的最广泛应用是作微量成分的定量分析，其定量依据是朗伯-比尔定律。在分析时，由于样品的组成情况及分析的要求不同，其定量方法也不同。

1. 单组分样品的分析

若样品中只含有一种吸光物质，可采用标准曲线法和标准对照法（比较法）。

(1) 标准曲线法 也称工作曲线法，是实际工作中应用最多的一种定量方法。具体方法是：配制一系列浓度不同的待测组分的标准溶液与试液，在相同条件下显色后，分别测定吸光度值。以标准溶液浓度 c 为横坐标，吸光度 A 为纵坐标，绘制 A-c 标准曲线，从标准曲线上查出试液吸光度所对应的浓度。如图 4-12 所示。

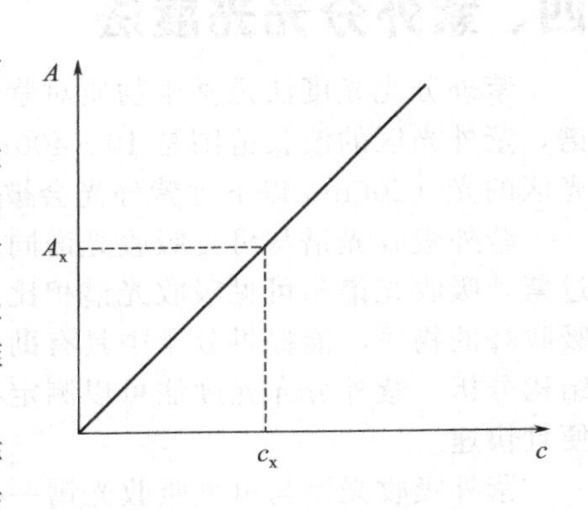

图 4-12 工作曲线

实际工作中，为了避免使用时出错，在所做的工作曲线上要标明标准曲线的名称、所用标准溶液名称和浓度、坐标分度和单位、测量条件（仪器型号、入射光波

长、吸收池厚度、参比溶液名称）以及制作日期和制作者姓名。

(2) 标准对照法（比较法） 对于已知试样溶液基本组成，配制相同基体、相近浓度的标准溶液，分别测定吸光度 A_x、A_s，根据朗伯-比尔定律知

$$c_x=\frac{A_x}{A_s}c_s$$

2. 多组分样品的分析

对含有两个以上组分的混合物，根据吸收光谱相互干扰的具体情况和吸光度的加和性，不需分离而直接进行测定，下面分两种情况讨论。

(1) 吸收光谱不重叠 吸收光谱不重叠或至少可找到在某一波长处 a 有吸收而 b 不吸收，在另一波长处 b 有吸收而 a 不吸收，见图 4-13，则可分别在波长 λ_1 和 λ_2 处测定组分 a、b 的含量，相互不干扰。

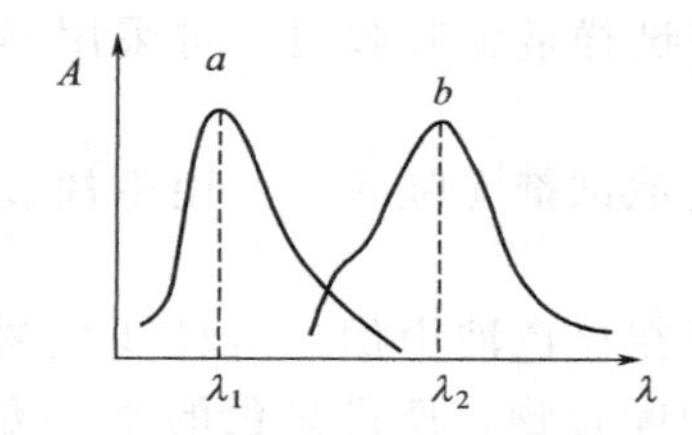

图 4-13 吸收光谱不重叠

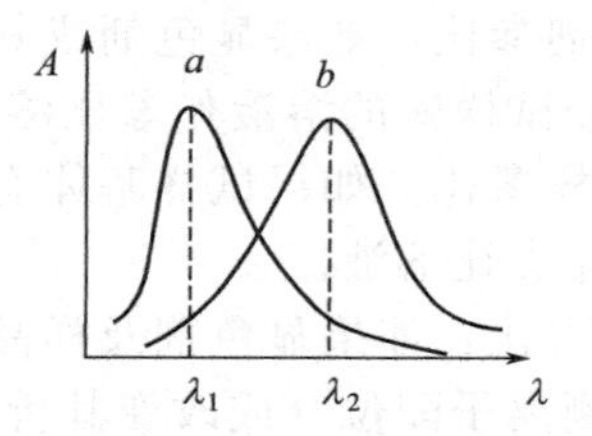

图 4-14 吸收光谱相互重叠

(2) 吸收光谱相互重叠 当组分 x 和组分 y 的吸收光谱重叠时，如图 4-14 所示。可选定两组分吸光度相差较大的波长 λ_1 和 λ_2 处测定吸收度 A_1 和 A_2。根据吸光度的加和性，列出如下方程组：

$$\begin{cases}A_1=\varepsilon_{a1}bc_a+\varepsilon_{b1}bc_b\\A_2=\varepsilon_{a2}bc_a+\varepsilon_{b2}bc_b\end{cases}$$

式中，c_a，c_b 分别为 a 和 b 的浓度；ε_{a1}，ε_{b1} 分别为 a 和 b 在 λ_1 处的摩尔吸光系数；ε_{a2}，ε_{b2} 分别为 a 和 b 在 λ_2 处的摩尔吸光系数。

ε_{a1}、ε_{b1}、ε_{a2}、ε_{b2} 摩尔吸光系数可以分别用 a 和 b 标准溶液在波长 λ_1 和 λ_2 处测定吸光度后求得。将摩尔吸光系数代入联立方程，可求出两组分的浓度。

这种方法虽可以用于溶液中两种以上组分的同时测定，但组分数 $n>3$ 结果误差增大。近年来由于电子计算机的广泛应用，多组分的各种计算方法得到快速发展，提供了一种快速分析的服务。

四、紫外分光光度法

紫外分光光度法是基于物质对紫外光的选择性吸收来进行分析测定的方法。根据电磁波谱，紫外光区的波长范围是 10～400nm，紫外分光光度法主要是利用 200～400nm 的近紫外光区的光（200nm 以下远紫外光会被空气强烈吸收）进行测定。

紫外吸收光谱与可见吸收光谱同属电子光谱，都是由分子中价电子能级跃迁产生的，不过紫外吸收光谱与可见吸收光谱相比，却具有一些突出的特点。它可用来对在紫外光区内有吸收峰的物质，能提供分子中具有助色团、生色团和共轭程度的一些信息，进行简单鉴定和结构分析。紫外分光光度法可以测定在近紫外光区有吸收的无色透明的化合物，测定方法简便且快速。

紫外吸收光谱与可见吸收光谱一样，常用吸收曲线来描述（图 4-15）。即用一束具有连续波长的紫外光照射一定浓度的样品溶液，分别测量不同波长下溶液的吸光度，以吸光度对

波长作图得到该化合物的紫外吸收曲线，即紫外吸收光谱。化合物的紫外吸收特征可以用曲线上最大吸收峰所对应的最大吸收波长 λ_{max} 和该波长下的摩尔吸光系数 ε_{max} 来表示。

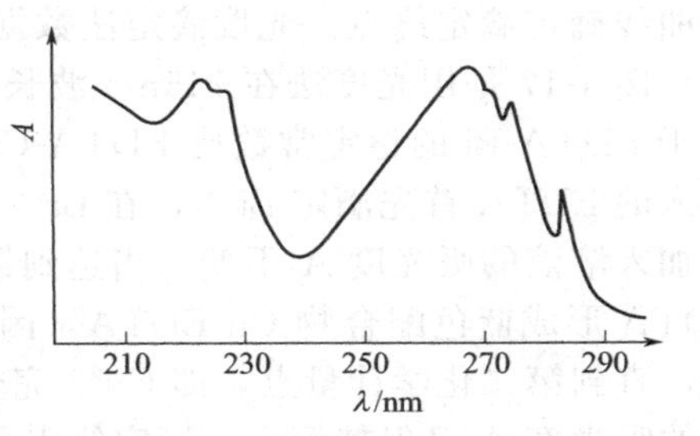

图 4-15　茴香醛紫外吸收曲线

1. 紫外吸收光谱常用术语

（1）生色团和助色团

① 生色团：是指在 200～1000nm 波长范围内产生特征吸收带的具有一个或多个不饱和键和未共用电子对的基团。主要有—C ═C ═，—C ═O，—N ═N—，—N ═O，—C ≡N，—C ≡C—，—COOH 等。

② 助色团：是一些含有未共用电子对的氧原子、氮原子或卤素原子的基团。如—OH，—OR，$—NH_2$，—NHR，—SH，—Cl，—Br，—I 等。助色团本身不会使物质具有颜色，但能增加生色团生色能力，使其吸收波长向长波方向移动，并增加了吸收强度。各种助色团助色效应的强弱顺序大致如下：

$—F < —CH_3 < —Cl < —Br < —OH < —SH < —OCH_3 < —NH_2 < —NHR < —NR_2 < —O—$

（2）红移和蓝移　由于取代基或溶剂的影响造成有机化合物结构的变化，使紫外吸收谱带的最大吸收波长向长波方向移动的现象称为红移。与此相反，如果吸收带的最大吸收波长向短波方向移动，则称为蓝移。

（3）增色效应和减色效应　由于有机化合物的结构变化使吸收峰的强度即摩尔吸光系数增大（或减小）的现象称为增色效应（或减色效应）。

（4）吸收带　吸收带是指吸收峰在紫外光谱中谱带的位置。根据电子及分子轨道的种类，吸收带可分为 R 吸收带、K 吸收带、B 吸收带和 E 吸收带四种类型。

2. 紫外-可见分光光度法的应用

紫外-可见分光光度法除了用于微量组分定量测定，还可用于测定配合物的组成，确定滴定终点，测定酸碱解离常数等。

（1）配合物组成的测定　应用分光光度法可以测定配合物的组成和稳定常数。即金属离子 M 与配位剂 R 的配位比例关系（即 MR_n 中 n 的数值）。配位数 n 的测定方法有多种，这里简单介绍摩尔比法。

设金属金属离子 M 与配位剂 R 的配位反应为

$$M + nR \rightleftharpoons MR_n$$

配制固定金属离子浓度 c_M、逐渐增加配位剂浓度 c_R 的系列溶液，测定该系列溶液的吸光度，以吸光度为纵坐标，以 c_R/c_M 为横坐标作图，可得图 4-16。

如图 4-16 所示，当 $(c_R/c_M) < n$ 时，金属离子没有完全配位，随配位剂量的增加，生成的配合物逐渐增多，吸光度不断增大。当 $(c_R/c_M) > n$ 时，金属离子几乎全部生成配合物 MR_n，吸光度趋于平稳。可见，图 4-16 中两条直线的交点（若配合物易解离，则曲线转折点不敏锐，应采用直线外推法求交点）所对应的横坐标 c_R/c_M 的值，就是 n 的值。配合物的配位比为 $1:n$。此法适用于解离度小的配合物的组成测定，尤其适用于配位比高的配合物组成的测定。

（2）光度滴定法　根据被滴定溶液在滴定过程中吸光度的变化来确定滴定终点的方法称为光度滴定法。

光度滴定通常是用经过改装的光路中可插入滴定容器的分光光度计来进行。通过测定滴定过程中溶液相应的吸光度，然后绘制滴定剂加入体积和对应吸光度的关系曲线，再根据滴定曲线确定滴定终点。光度滴定法数据的处理类似于电位滴定法。

图 4-17 是用光度法在 745nm 波长处确定 EDTA 连续滴定 Bi^{3+} 和 Cu^{2+} 的终点的实例。由于 EDTA-Bi 的稳定常数比 EDTA-Cu 的稳定常数大得多，用 EDTA 滴定离子混合物时，滴入的 EDTA 首先滴定 Bi^{3+}，在 Bi^{3+} 完全反应之前，即第一化学计量点前随着 EDTA 的不断加入溶液的吸光度 A 不变。当达到第一化学计量点后，随着 EDTA 的加入，Cu^{2+} 开始与 EDTA 形成蓝色配合物 Cu-EDTA，因 Cu-EDTA 在此波长处有吸收，故吸光度 A 开始增加，直到第二化学计量点，即 Cu^{2+} 完全反应。过第二化学计量点后，随 EDTA 的增加，溶液的吸光度 A 又保持恒定。滴定终点可用直线外推法在曲线的两个转折点处求得。

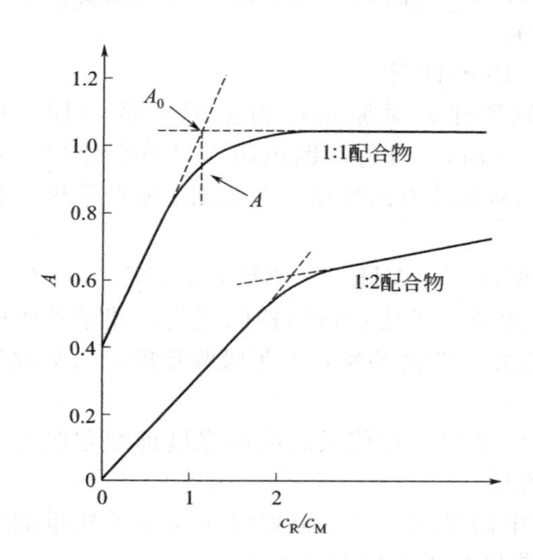

图 4-16 1∶1 和 1∶2 型配合物的摩尔比法示意

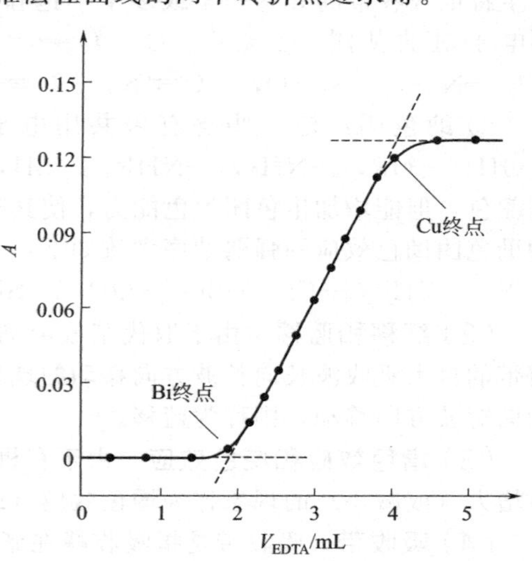

图 4-17 光度法滴定 Bi^{3+} 和 Cu^{2+} 的滴定曲线

（3）酸碱解离常数的测定 分析化学中所使用的指示剂或显色剂大多是有机弱酸或弱碱，其解离常数通常可用光度法测定。该法特别适用于测定溶解度较小的有色弱酸或弱碱的解离常数。

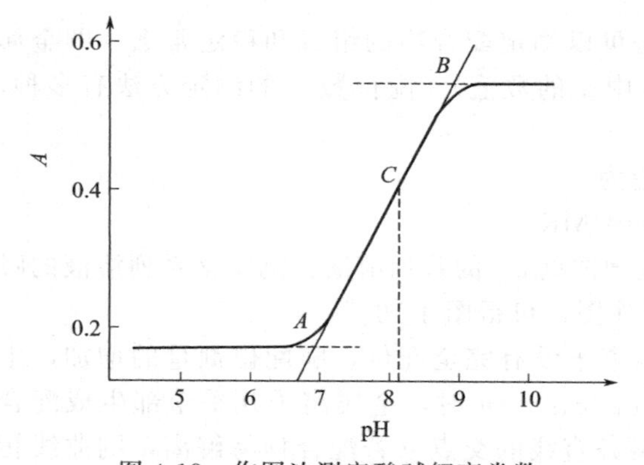

图 4-18 作图法测定酸碱解离常数

具体方法是：配制一系列总浓度相等而 pH 不同的 HB 溶液，各溶液的 pH 用酸度计精确测定，在某一确定波长下，用 1cm 比色皿测定各溶液的吸光度，以吸光度为纵坐标，pH 为横坐标作图，便可得到如图 4-18 所示的一条曲线。曲线 A 点之前，溶液中全部为弱酸 HB；B 点之后，则全部为其共轭碱 B^-；A 点到 B 点之间，溶液中 HB 和 B^- 共存；中点 C 处为 HB 和 B^- 浓度相等时的吸光度，则 C 点所对应的 pH 即为 pK 值。

五、紫外-可见分光光度计

在紫外及可见光区用于测定溶液吸光度的分析仪器称为紫外-可见分光光度计。目前，商品生产的紫外-可见分光光度计的型号较多，但它们的基本构造都相似，都由光源、单色器、吸收池、检测器和信号显示系统五大部件组成。

由光源发出的光，经单色器获得一定波长单色光照射到样品溶液，被吸收后，经检测器将光强度变化转变为电信号变化，并经信号指示系统调制放大后，显示或打印出吸光度 A（或透射率 T），完成测定。

（一）仪器的组成部件

1. 光源

光源的作用就是发射一定强度的紫外-可见光以照射样品溶液。分光光度计对光源的要求是能够在使用的光谱区内发射出足够强度的连续光谱，稳定性好，使用寿命长。紫外-可见分光光度计上有两种光源：可见光光源与紫外光光源。

（1）可见光光源 钨灯或卤钨灯是最常用的可见光光源。钨灯和碘钨灯可使用的波长范围为 340～2500nm。这类光源的辐射能量与施加的外加电压有关，使用时必须严格控制灯丝电压，必要时需配备稳压装置，以保证光源的稳定。

（2）紫外光光源 紫外光光源多为气体放电灯，如氢灯或氘灯。氢灯和氘灯可使用的波长范围为 160～375nm，由于受石英窗吸收的限制，通常紫外光区波长的有效范围为 200～375nm。为保证发光稳定，需采用稳压电源供电。氘灯的灯管内充有氢同位素氘，其光谱分布与氢灯类似，但光强度比同功率的氢灯大 3～5 倍，寿命比氢灯长，是紫外光区应用最广泛的一种光源。

2. 单色器

单色器的作用是从光源中发出的连续光谱中分离出所需要的波段足够窄的单色光，它是分光光度计的核心部件。单色器主要由狭缝、色散元件和透镜系统组成。其中色散元件是单色器的关键部件，常用的有棱镜和光栅两种。

值得注意的是：无论何种单色器，出射光光束常混有少量与仪器所指示波长十分不同的光波，即“杂散光”。杂散光会影响吸光度的正确测量，其产生的主要原因是光学部件和单色器内外壁的反射和大气或光学部件表面上尘埃的散射等。为了减少杂散光，单色器用涂以黑色的罩壳封起来，通常不允许任意打开罩壳。

3. 吸收池

吸收池是用来盛装溶液和决定厚度的器件。吸收池按材质不同可分为玻璃和石英两种，玻璃吸收池仅用于可见光区即有色溶液测定，也叫比色皿。石英吸收池既可以用于紫外光区测定，又可用于可见光区测定。所以在紫外光区测定时，必须使用石英吸收池。吸收池的规格是以光程为标志的，常用的规格有 0.5cm、1.0cm、2.0cm、3.0cm 和 5.0cm 等，使用时可根据实际需要选择。

吸收池的要求是透光面应有良好的透光性，表面光洁，结构牢固，耐酸、碱、氧化还原剂，并具有很好的配套性。

4. 检测器

检测器又称接收器，其作用是将接收到的光信号转变为电信号的元件。作为检测器，对光电转换器要求是灵敏度高、响应快、响应线性范围宽，对不同波长的光应具有相同的响应。常用的检测器有光电管及光电倍增管等，它们都是基于光电效应原理制成的。

光电管是由一个阳极和一个光敏阴极组成的真空二极管。根据对光的敏感范围的不同，光电管分为蓝敏光电管和红敏光电管。蓝敏光电管的光敏材料是锑铯涂料，适用于接收 185～600nm 的光；红敏光电管光敏材料是银-氧化铯，适用于接收 600～1200nm 的光。

光电倍增管不仅是光电转换元件，而且有电流放大作用，故其灵敏度远远高于光电管，更适合于弱光信号的测量。由于其灵敏度很高，必须在完全屏蔽杂散光的条件下工作，并应避免强光连续照射，否则容易损坏。光电倍增管响应速度也比光电管快，约为 10^{-9}s。光电倍增管对工作电源要求很高，应具有高度的稳定性，要求波动小于0.1%。

5. 信号显示系统

由检测器产生的电信号，经放大等处理后，用一定方式显示出来，以便于计算和记录。信号显示器有多种，随着电子技术的发展，这些信号显示和记录系统将越来越先进。显示方式可分为：A（吸光度）、T（透射率）、c（浓度）等。

（二）紫外-可见分光光度计的类型

紫外-可见分光光度计按使用波长范围可分为：可见分光光度计（400～780nm）和紫外-可见分光光度计（200～1000nm）两类。可见分光光度计只能用于测量有色溶液的吸光度，而紫外-可见分光光度计可测量在紫外、可见及近红外区有吸收的物质的吸光度。

紫外-可见分光光度计按光路可分为单光束式及双光束式两类；按测量时提供的波长数又可分为单波长分光光度计和双波长分光光度计两类。

1. 单光束分光光度计

所谓单光束是指从光源中发出的光，经过单色器等一系列光学元件及吸收池后，最后照在检测器上时始终为一束光。如图4-19所示。

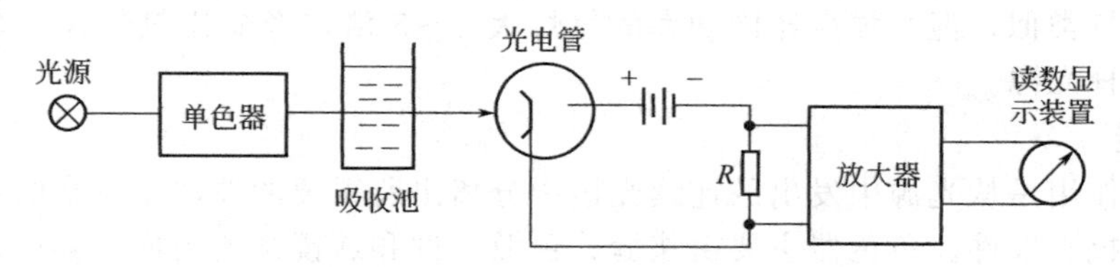

图4-19 单光束分光光度计原理示意

这类仪器的特点是结构简单、价格比较低，主要用作定量分析。其缺点是误差大，操作繁琐，不适于作定性分析。常用的单光束紫外-可见分光光度计有：751G型、752型、754型、756MC型等。常用的单光束可见分光光度计有721型、722型、723型、724型等。

2. 双光束分光光度计

所谓双光束是指从光源中发出的光经过单色器后被一个旋转的扇形反射镜（即斩光器）分为强度相等的两束光，分别通过参比溶液和样品溶液。利用另一个与前一个切光器同步的斩光器，使两束光在不同时间交替地照在同一个检测器上，通过一个同步信号发生器对来自两个光束的信号加以比较，并将两信号的比值经对数变换后转换为相应的吸光度值。其工作原理见图4-20。

这类仪器操作简单，能自动比较样品及参比溶液的透光程度，自动消除因光源强度变化而带来的误差。常用的双光束紫外分光光度计有710型、730型、760CRT型、760MC型等。

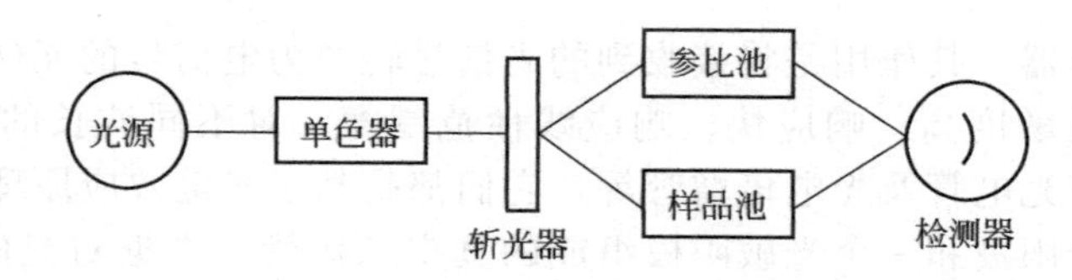

图4-20 双光束分光光度计原理示意

3. 双波长分光光度计

双波长分光光度计的基本光路如图4-21所示。从同一光源发出的光分为两束，分别经过两个可以自由转动的光栅单色器后，得到两束不同波长（λ_1和λ_2）的光，借助斩光器，将这两束光交替照射样品溶液，不需使用参比溶液。经过检测器，测得样品溶液在两种波长处 λ_1 和 λ_2 的吸光度之差 ΔA，ΔA 与吸光物质的浓度成正比，且已扣除了背景吸收。

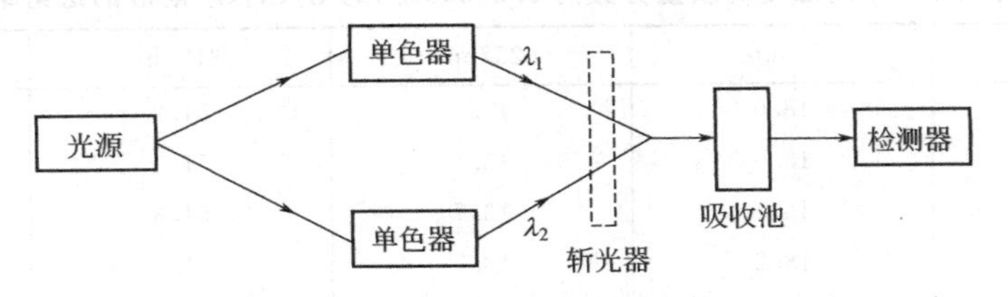

图 4-21　双波长分光光度计原理示意

这类仪器操作简单，精确度高，不仅能测定高浓度、多组分混合试样，并且能测定浑浊试样。常用的双波长分光光度计有 WFZ800S 型，岛津 UV-300 型、UV-365 型等。

（三）分光光度计的检验

为了保证测试结果的准确可靠，新安装的仪器，必须对其主要性能指标进行全面检验。对使用过的仪器，也必须定期进行性能指标检验。检验内容主要有以下几个方面。

1. 波长准确度的检验

分光光度计在使用过程中，由于机械振动、温度变化、灯丝变形、灯座松动或更换灯泡等原因，经常会引起仪器指示波长与实际通过溶液的波长不符合的现象，因而导致仪器灵敏度降低，影响测定结果的精度，需要经常进行检验。

在可见光区检验指示波长准确度最简便的方法是绘制镨钕滤光片的吸收光谱曲线（图 4-22）。通常采用镨钕滤光片在 528.7nm 和 807.7nm 等处的吸收峰来对分光光度计的波长刻度进行校正。一般情况下，可见分光光度计的波长误差允许在±3nm 的范围内。

在紫外光区检验波长准确度比较实用的方法是用苯蒸气的吸收光谱曲线来检查（见图 4-23）。具体做法是：在吸收池滴一滴液体苯，盖上吸收池盖，待苯挥发充满整个吸收池后，绘制苯蒸气的吸收光谱。若实测结果与苯的标准光谱曲线不一致，表示仪器有波长误差，必须进行调整。

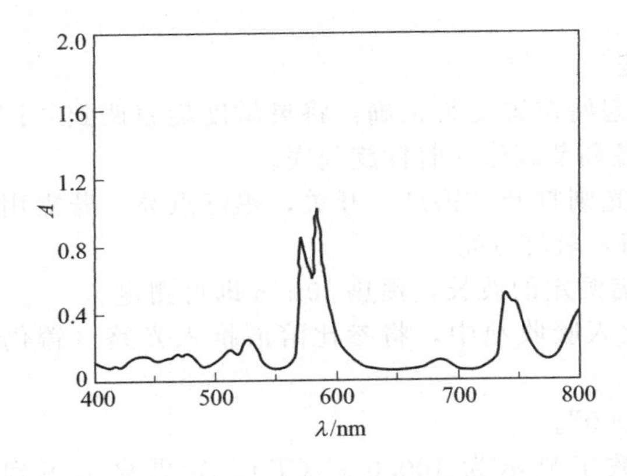

图 4-22　镨钕滤光片吸收光谱曲线

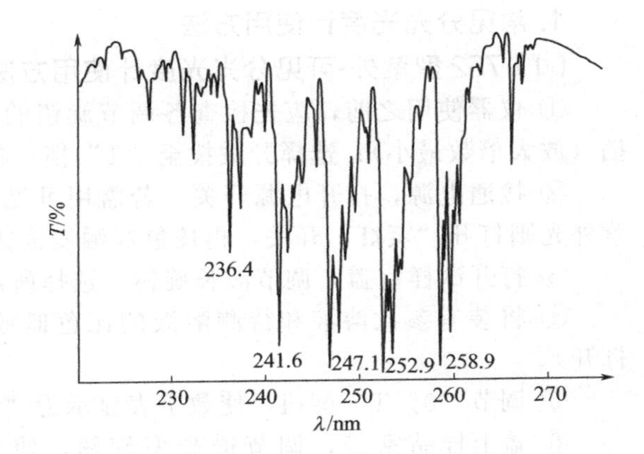

图 4-23　苯蒸气的吸收光谱曲线

2. 透射比准确度的检验

透射比准确度的检验方法有中性玻璃滤光片法（可见光区）和标准溶液法。其中应用最普遍的是重铬酸钾法，具体操作是：配制质量分数为 0.006000%（即 1000g 溶液中含 $K_2Cr_2O_7$ 0.06000g）的 $K_2Cr_2O_7$ 的 0.001mol/L $HClO_4$ 标准溶液，以 0.001mol/L $HClO_4$ 为参比，用 1cm 石英吸收池分别在 235nm、257nm、313nm、350nm 波长处测定透射率，与表 4-5 所列标准溶液的标准值比较，根据仪器级别，其差值应在 0.8%～2.5%之内。

表 4-5　不同温度时质量分数为 0.006000%的 $K_2Cr_2O_7$ 溶液的透射率　　单位：%

温度/℃	235nm	257nm	313nm	350nm
10	18.0	13.5	51.2	22.6
15	18.0	13.6	51.3	22.7
20	18.1	13.7	51.3	22.8
25	18.2	13.7	51.3	22.9
30	18.3	13.8	51.4	22.9

3. 吸收池配套性的检验

在定量工作中，尤其是在紫外光区测定时，需要对吸收池作校准及配对工作，以消除吸收池的误差，提高测量的准确度。方法是以一个吸收池为参比，测量其他各池的透射率，透射率的偏差小于 0.5%的吸收池可配成一套。测量方法为：在同一规格的石英吸收池中装蒸馏水在 220nm、700nm 处测定；玻璃吸收池装 30mg/L 的 $K_2Cr_2O_7$ 溶液在 440nm 处测定，装蒸馏水在 700nm 处测定。

实际工作中，可以采用下面较为简便的方法进行校准：在测定波长下，将吸收池磨砂面外壁用铅笔编号，在吸收池中分别装入测定用溶剂，以其中一个为参比，测定其他吸收池的吸光度。若测定的吸光度为零或两个吸收池吸光度相等，即为配对吸收池。若不配对，可以选出吸光度值最小的吸收池为参比，测定其他吸收池的吸光度，求出修正值。测定样品时，将待测溶液装入校正过的吸收池，测量其吸光度，所测得的吸光度减去该吸收池的修正值即为此待测液真正的吸光度。

（四）紫外-可见分光光度计的使用与维护保养

目前商品紫外-可见分光光度计型号较多，不同型号的仪器其操作方法略有不同，但仪器上主要旋钮或按键的功能基本类似。下面简单介绍几种较为常用的分光光度计使用操作方法。

1. 常见分光光度计使用方法

（1）752 型紫外-可见分光光度计使用方法

① 仪器使用之前，应先检查各调节旋钮的起始位置是否正确：将灵敏度旋钮调到“1”挡（放大倍数最小）；选择开关拨至“T”挡；各调节旋钮逆时针旋到底。

② 接通电源，打开电源开关。若需用可见光则打开“钨灯”开关，钨灯点亮。若需用紫外光则打开“氢灯”开关，再按氢灯触发按钮，氢灯点亮。

③ 打开试样室盖，调节波长旋钮，选择所需测定的波长，预热 30min 即可测定。

④ 将装有参比溶液和待测溶液的比色皿放入吸收池中，将参比溶液推入光路（盖仍打开）。

⑤ 调节“0%T”旋钮，使数字表显示为“000”。

⑥ 盖上样品室盖，调节透光率旋钮，使数字显示为 100.0%（T）。如果显示不到 100.0%（T），可适当增加灵敏度的挡数。然后将待测溶液推（拉）入光路，数字显示值即为被测溶液的透光率。

⑦ 若需测定溶液的吸光度时，仪器显示 100.0%（T）后，将选择开关调至“A”挡，调节吸光度调零旋钮，使数字显示为“000.0”。再将待测溶液置于光路后，数字显示值即为待测溶液的吸光度。

⑧ 若直接测定浓度时，可将选择开关调至“C”，将已知标定浓度的溶液置于光路，调

节浓度旋钮使数字显示为标准溶液浓度值，再将被测溶液置于光路，则可测出相应浓度值。

⑨ 测定完毕，将选择开关拨至“T”挡，打开吸收池盖，取出比色皿，洗净揩干放入比色皿盒内。

⑩ 将各调节旋钮逆时针旋到底，关闭仪器电源开关，罩上仪器罩，填写仪器使用记录本。

(2) 752C型紫外-可见分光光度计使用方法

① 将灵敏度旋钮调置“1”挡（放大倍率最小）。

② 接通电源，按“电源”开关（开关内2只指示灯亮）。打开“钨灯”开关（开关在仪器后背部），钨灯点亮。按“氢灯”开关（开关内左侧指示灯亮），氢灯电源接通；再按“氢灯触发”按钮（开关内右侧指示灯亮氢灯点亮），氢灯点亮。

③ 选择开关置于“0～100%”挡。

④ 打开样品室盖，调节“0%”（T）旋钮，使数字显示为“000.0”（零点调节正确方法应是显示负号一熄一亮）。

⑤ 调节波长旋钮，将波长置于所需要测的波长。

⑥ 仪器预热30min。

⑦ 将装有参比溶液和待测溶液的比色皿放置比色皿架中。

⑧ 盖上样品室盖，将参比溶液比色皿置于光路，调节透射比“100”旋钮，使数字显示为100.0%（T）。如果显示不到100.0%（T），则可适当增加灵敏度的挡数，同时应重复“④”，调整仪器的透射比零点。

⑨ 将待测溶液置于光路中，数字显示器上直接读出被测溶液的透射比（T）值。

⑩ 选择开关使用方法：

a. “0～100%”。最小分辨率为0.1%。参照“④、⑧、⑨”。

b. “0～40%”。最小分辨率为0.01%，参照“④、⑧、⑨”。然后将选择开关置于0～40%挡。

c. −0.3～3A。最小分辨率为0.001A，参照“④、⑧”后将选择开关置于“−0.3～3A”挡，这时数字显示为“0.000”，然后移入被测溶液，显示值即为试样的吸光度A值。

d. 0～0.6A。最小分辨率为0.0001A，参照“④、⑧”后将选择开关置于“0～0.6A”，这时数字显示为“0.0000”，然后移入被测溶液显示值即为试样的吸光度A值。

e. CONC。量程0～6500，参照“④、⑧”后，选择开关置于“CONC”挡，将已标定浓度的溶液移入光路，按浓度设定按钮，同时调节浓度设定旋钮，使得数字显示为标定值，将被测溶液移入光路，即可读出相应的浓度值。

⑪ 测定完毕，将选择开关拨至“T”挡，打开吸收池盖，取出比色皿，洗净揩干放入比色皿盒内。

⑫ 将各调节旋钮逆时针旋到底，关闭仪器电源开关，罩上仪器罩，填写仪器使用记录本。

(3) UV-7504紫外-可见分光光度计使用方法

① 仪器在使用前应对仪器的安全性进行检查，供电电源电压是否正常，接地是否牢固可靠。为确保仪器稳定工作，应使用交流稳压电源。

② 接通电源后，即进入预热（约20min），然后自动进行自检，仪器会将自检状态依次显示在显示器上。当显示器显示“546.0nm 0.000A”时，仪器自检完毕，即可进行测试。

注意：a. 开机前需先确认仪器样品室内是否有物品挡在光路上；b. 仪器在自检过程中请不要打开仪器样品室盖门。

③ 用〈方式〉键设置测试方式：按此键第一次仪器自动切换测试方式吸光度ABS；按

此键第二次，仪器自动切换测试方式浓度 CON；按此键第三次，仪器自动切换测试方式透射率 T（%）。根据需要选择相应的测试方式。

④ 选择需要的分析波长，按〈设定〉键屏幕上显示“WL=×××.×nm”字样，按上键（或下键）输入所要的分析波长，之后按确认键，显示器第一列右侧显示“×××.×nmBLANKING”，仪器正在变换到所设置的波长及自动调出“0ABS/100%T”，请稍等。待仪器显示出所需要的波长，并且已经把参比调成 0.000A 时，即可测试。

⑤ 打开样品室，将盛有溶液的比色皿分别插入比色皿槽中，盖上样品室盖。

⑥ 将参比样品推（拉）入光路中，按〈0ABS/100%T〉键调“0ABS/100%T”。此时显示器显示的“BLANKING”，直至显示“100.0”或“0.000A”为止。

⑦ 当仪器显示器显示出“100.0%T”或“0.000A”后，将被测样品推（或拉）入光路。这时便可以从显示器上读出被测样品的测试参数。根据所设置的方式，可得到样品的透射率（T）或吸光度（A）参数。

2. 分光光度计的维护保养

分光光度计是精密光学仪器，正确的安装、使用和保养对保持仪器良好的性能和保证测试的准确度有重要作用。

（1）对仪器工作环境的要求 分光光度计应安装在稳固的工作台上，仪器周围不应有强磁场，应避免防电磁干扰。室内温度宜保持在 15～28℃。室内应干燥，相对湿度宜控制在 45%～65%，不宜超过 80%。实验室内应无腐蚀性气体（如 SO_2、NO_2、NH_3 及酸雾等），应与化学分析操作室隔开，光线不宜过强。

（2）仪器保养和维护方法

① 仪器工作电源一般允许电压为 220V±10%。为保持光源灯和检测系统的稳定性，在电源电压波动较大的实验室应配备稳压器（有过电压保护）。实验室内应有地线并保证仪器有良好的接地性。

② 为了延长光源使用寿命，在不使用时不要开光源灯。如果光源灯亮度明显减弱或不稳定，应及时更换新灯。更换后要调节好灯丝位置，不要用手直接接触窗口或灯泡，避免油污沾附，若不小心接触过，要用无水乙醇擦拭。

③ 单色器是仪器的核心部分，装在密封盒内，一般不能拆开。须定期更换单色器盒干燥剂，以防止色散元件受潮生霉。

④ 必须正确使用吸收池，保护吸收池光学面。使用过程中，吸收池中溶液不能装太满，防止溢出；使用结束必须检查样品室是否积存有溢出溶液，经常擦拭样品室，以防废液对部件或光路系统的腐蚀。

⑤ 光电转换元件不能长时间曝光，应避免强光照射或受潮积尘。

⑥ 日常使用和保存时应注意防划伤、防水、防尘、防腐蚀，并在仪器使用完毕时盖上防尘罩。长期不使用仪器时，要注意环境的温度和湿度。

⑦ 须定期进行性能指标检测，发现问题及时处理。

六、紫外光谱分析法在高分子材料上的应用

1. 结构定性分析

通过紫外光谱分析可以鉴别聚合物中的某些官能团和添加剂。分析时，将样品和标准物以同一溶剂配制相同浓度溶液，并在同一条件下测定，和标准谱图对比，比较光谱是否一致，从而判断聚合物。如果没有标准谱图，可以根据有机化合物中发色团规律来分析。某些高分子的紫外特征见表 4-6。

表 4-6 某些高分子的紫外特征

高分子材料	发色团	最大的吸收波长/nm
聚苯乙烯	苯基	270,280(吸收边界)
聚对苯二甲酸乙二醇酯	对苯二甲酸酯基	290(吸收尾部)
聚甲基丙烯酸甲酯	脂肪族酯基	250～260(吸收边界)
聚乙酸乙烯	脂肪族酯基	210(最大值处)
聚乙烯咔唑	咔唑基	345

利用紫外光谱可以推导有机化合物的分子骨架中是否含有共轭结构体系，如 C═C—C═C、C═C—C═O、苯环等。利用紫外光谱鉴定有机化合物远不如利用红外光谱有效，因为很多化合物在紫外没有吸收或者只有微弱的吸收，并且紫外光谱一般比较简单，特征性不强。利用紫外光谱可以用来检验一些具有大的共轭体系或发色官能团的化合物，可以作为其他鉴定方法的补充。

如果一个化合物在紫外区是透明的，则说明分子中不存在共轭体系，不含有醛基、酮基或溴和碘。可能是脂肪族烃、胺、腈、醇等不含双键或环状共轭体系的化合物。

如果在 210～250nm 有强吸收，表示有 K 吸收带，则可能含有两个双键的共轭体系，如共轭二烯或 α,β-不饱和酮等。同样在 260nm、300nm、330nm 处有高强度 K 吸收带，表示有 3 个、4 个和 5 个共轭体系存在。

如果在 260～300nm 有中强吸收（$\varepsilon=200\sim1000$），则表示有 B 吸收带，体系中可能有苯环存在。如果苯环上有共轭的生色基团存在时，则 ε 可以大于 10000。

如果在 250～300nm 有弱吸收带（R 吸收带），则可能含有简单的非共轭并含有 n 电子的生色基团，如羰基等。

紫外吸收峰通常有 2～3 个，峰形平稳，主要取决于分子中发色和助色基团的性质，不是整个分子的性质，因此和红外光谱法相比，其精准度不是很高。

2. 定量分析

紫外光谱法的吸收强度比红外光谱大得多，红外的 ε 值很少超过 1000，紫外的值最高可达 $10^4\sim10^5$，灵敏度高。适于研究共聚组成、微量物质（单质中的杂质、聚合物中的残留单体或少量添加剂等）。

具体的方法在本章中已经讲过。以丁苯橡胶为例，现在想要分析丁苯橡胶中苯乙烯的含量，以氯仿为溶剂测定，测定丁苯橡胶的紫外光谱图，260nm 为测定波长，在此波长处丁二烯的吸收很弱，可以忽略不计。实验中需要扣除防老剂的影响。将聚苯乙烯和丁二烯两种均聚物以不同比例混合，以氯仿为溶剂测定一系列已知苯乙烯含量所对应的 $\Delta\varepsilon$ 值，做工作曲线，只要测定丁苯橡胶的 $\Delta\varepsilon$，就能查出苯乙烯的含量。

3. 聚合反应机理的研究

紫外光谱分析法能用于聚合反应机理的研究。聚合反应的速度、中间产物、最终产物等和很多因素有关，比如说引发剂的种类、浓度、反应温度、溶剂种类等。通过紫外光谱分析反应过程中的一些产物的种类及含量，可以分析反应中经历的过程。但是紫外光谱适用于反应物（单体）或者产物（聚合物）中的一种在这一光区有吸收，或者虽然两者都有吸收，但 λ_m 和 ε 都有明显区分的反应。

第四节 凝胶色谱分析法

一、概述

对于小分子化合物，无论有机的或无机的，都有固定的分子量，并且可以通过分子式直接计算出来。但对于高聚物来说，除了少数几种蛋白质之外，分子大小都是不一样的，它是由许多具有相同链节结构，但不同链长即不同分子量的各种大小分子所组成的混合物。所以，高聚物的分子量实际上是各种大小不同高分子的分子量的统计平均值。常用的高聚物的平均分子量有四种表示方法：数均分子量（M_n）、重均分子量（M_w）、Z 均分子量（M_z）和黏均分子量（M_η）。

聚合反应过程中由于各种因素的综合作用，合成高聚物的分子量或聚合度以及分子链长都是不均一的，因而存在分子量分布问题。分子量分布是指聚合物中各同系物的含量与其分子量间的关系，可以用聚合物的分子量分布曲线来描述。聚合物的物理性能与其分子量和分子量分布密切相关，因此对聚合物的分子量和分子量分布进行测定具有重要的科学和实际意义。同时，由于聚合物的分子量和分子量分布是由聚合过程的机理所决定，通过聚合物的分子量和分子量分布与聚合时间的关系可以研究聚合机理和聚合动力学。测定聚合物分子量和分子量分布的方法很多，本节主要学习凝胶色谱分析法测定聚合物分子量及其分布情况。

凝胶渗透色谱（gel permeation chromatography，GPC）又称尺寸排阻色谱（size exclusion chromatography，SEC），其以有机溶剂为流动相，流经分离介质多孔填料（如多孔硅胶或多孔树脂）而实现物质的分离。GPC 可用于小分子物质和化学性质相同而分子体积不同的高分子同系物等的分离和鉴定。凝胶渗透色谱是测定高分子材料分子量及其分布的最常用、快速和有效的方法。

1953 年 Wheaton 和 Bauman 用多孔离子交换树脂按分子量大小分离了苷、多元醇和其他非离子物质，观察到分子尺寸排除现象；1959 年 Porath 和 Flodin 用葡聚糖交联制成凝胶来分离水溶液中不同分子量的样品；1964 年 J. C. Moore 将高交联密度聚苯乙烯-二乙烯基苯树脂用作柱填料，以连续式高灵敏度的示差折光仪，并以体积计量方式作图，制成了快速且自动化的高聚物分子量及分子量分布的测定仪，从而创立了液相色谱中的凝胶渗透色谱。20 世纪 60 年代末，这种方法已经发展成熟，成为高分子材料和生物化学中常用的分离和分析方法。

凝胶色谱法分成凝胶渗透色谱（GPC）和凝胶过滤色谱（GFC），其中凝胶渗透色谱主要用于高分子领域。随着科技的不断推陈出新，凝胶色谱法也在不断发展，主要体现在四个方面：①与别的设备仪器进行联用，解决凝胶色谱法测定高聚物分子量分布从相对法向绝对法过渡；②虽然目前最常用的浓度检测器仍然是示差折光检测器和紫外检测器，但是一些新的检测装置也不断被开发出来，例如用自动浊度滴定装置来作浓度检测器也收到了很好的效果；③随着应用的扩大，凝胶色谱可以用于测定高聚物长支链的支化度；④结合色谱理论、填料制备技术和仪器的合理设计，凝胶色谱高效化愈发明显。

二、凝胶色谱测试原理

1. 分离原理

色谱柱是 GPC 的核心部件，内装有颗粒状、多孔的凝胶填料。比如苯乙烯和二乙烯基共聚的交联聚苯乙烯凝胶。凝胶表面和内部有各种大小不同的孔洞通道。

进行测试时，以某种溶剂充满色谱柱，使之占据颗粒之间的全部空隙和颗粒内部的孔洞，再以这种溶剂以恒定的流速淋洗，然后用同样溶剂配成的聚合物溶液注入凝胶色谱柱。柱中可供分子通行的路径包括粒子间的间隙（较大）和粒子内的通孔（较小）。如图 4-24 所示，当待测聚合物溶液流经色谱柱时，较大的分子只能从粒子间的间隙通过，被排除在粒子的小孔之外，速率较快；较小的分子能够进入粒子中的小孔，通过的速率慢得多。这样经过一定长度的色谱柱分离后，不同分子量的物质就被区分开了，分子量

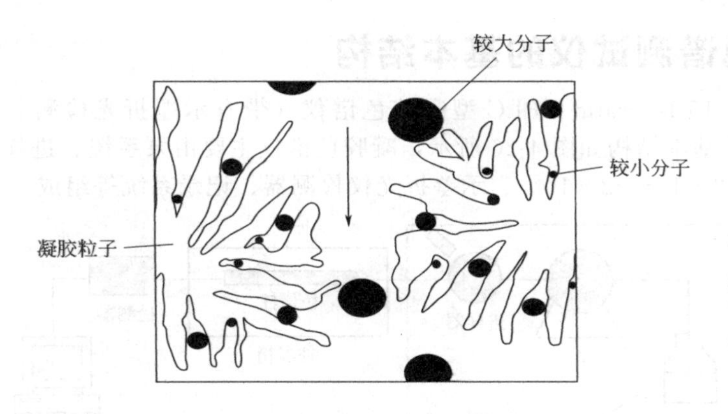

图 4-24　不同尺寸分子通过凝胶色谱柱原理

大的在前面流出（其淋洗时间短），分子量小的在后面流出（淋洗时间长）。以上的方法称为体积排除法。

将凝胶色谱柱填充剂的凝胶颗粒用洗脱剂溶胀，然后与洗脱剂一起填入柱中，此时，凝胶床层的总体积为：

$$V_t = V_0 + V_i + V_g$$

式中　V_0——柱中凝胶颗粒外部溶剂体积；

V_i——柱中凝胶颗粒内部吸入溶剂的体积；

V_g——凝胶颗粒骨架的体积。

V_0、V_i 和 V_g 均称柱参数。在实验中，其数值均可以测定。

被测物质的洗脱体积：

$$V_e = V_0 + KV_i$$

式中　K——固定相和流动相之间的被测溶质的分配系数

$$K = \frac{V_p}{V_i} = \frac{V_e - V_0}{V_i}$$

式中　V_p——凝胶颗粒内部溶质能进入部分的体积。

由上可见，凝胶色谱分离的过程中，没有受到任何其他吸附现象或化学反应的影响，它完全基于分子筛效应。

① 若 $K=0$，待测分子不能进入凝胶颗粒内部；

② 若 $0<K<1$，待测分子可以部分地进入凝胶颗粒内部；

③ 若 $K=1$，待测分子完全浸透凝胶颗粒内部；

④ 若 $K>1$，表面存在吸附作用等其他影响。

2. 检测机理

除了将分子量不同的分子分离开来，还需要测定其含量和分子量。测试中用示差折光仪测定淋出液的折射率与纯溶剂的折射率之差 Δn，而在稀溶液范围内 Δn 与淋出组分的相对浓度 Δc 成正比，则以 Δn 对淋出体积（或时间）作图可表征不同分子的浓度。图 4-25 为折射率之差 Δn（浓度响应）对淋出体积（或时间）作图得到的 GPC 示意谱图。

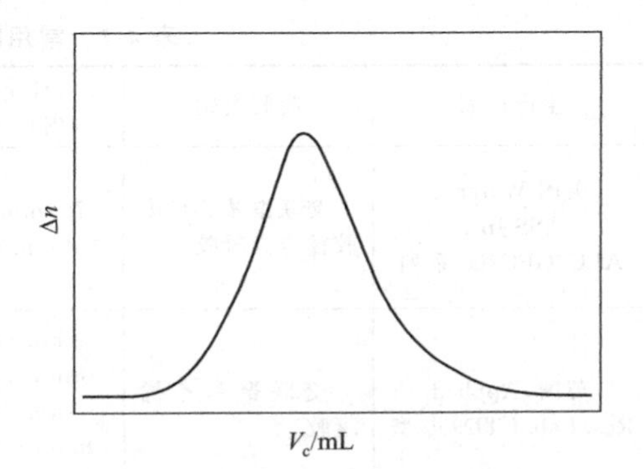

图 4-25　折射率之差 Δn 对淋出体积作图得到的 GPC 示意谱图

三、凝胶色谱测试仪的基本结构

以 Waters 1515 Isocratic HPLC 型凝胶色谱仪（带有示差折光检测装置，B 型号色谱管×2）为例，其基本结构如图 4-26 所示，凝胶色谱仪主要由泵系统、进样器、色谱柱（可分离分子量范围 $2\times10^2\sim2\times10^6$）、示差折光仪检测器、记录系统等组成。

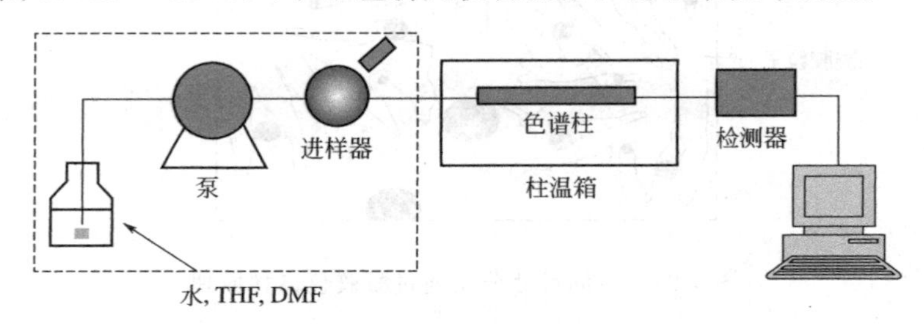

图 4-26　凝胶色谱仪基本结构

1. 泵系统

泵系统包括一个溶剂储存器、一套脱气装置和一个高压泵。它的工作是使流动相（溶剂）以恒定的流速流入色谱柱。泵的工作状况好坏直接影响着最终数据的准确性。越是精密的仪器，要求泵的工作状态越稳定。要求流量的误差应该低于 0.01mL/min。

2. 色谱柱

色谱柱是凝胶色谱仪分离的核心部件，在一根不锈钢空心细管中加入孔径不同的微粒作为填料。每根色谱柱都存在一定的分子量分离范围和渗透极限，因此色谱柱存在使用上限和下限。色谱柱的使用上限（又称排阻极限）是当聚合物最小的分子的尺寸比色谱柱中最大的凝胶的尺寸还大，这时高聚物无法进入凝胶颗粒孔径，全部从凝胶颗粒外部流过，达不到分离不同分子量的高聚物的目的。并且还会存在堵塞凝胶孔的可能，影响色谱柱的分离效果，会降低其使用寿命。排阻极限代表一种凝胶能有效分离的最大分子量。色谱柱的使用下限（又称渗透极限）是当聚合物中最大尺寸的分子链比凝胶孔的最小孔径还要小，这时也达不到分离不同分子量的目的。渗透极限代表一种凝胶能有效分离的最小分子量。

因此，在使用凝胶色谱仪测定分子量时，必须首先选择一条与聚合物分子量范围相配好的色谱柱。常用色谱柱如表 4-7 所示。与此同时，还必须要按照样品所溶解的溶剂来选择柱子所属系列。

表 4-7　常用凝胶渗透色谱柱及其型号

生产厂家	凝胶类别	柱子尺寸（内径×长度）	分子量分离范围（聚苯乙烯）	渗透极限（分子量或尺寸大小）
美国 Waters、ASS Inc. ALC/GPC200 系列	交联聚苯乙烯凝胶键合硅凝胶	7.8mm×30cm 3.9mm×300mm	0～700，500～10^4 10^3～2×10^4 10^5～2×10^6 0.2～5×10^4	700，10000，2×10^4，2×10^5，2×10^6，5×10^4，5×10^5，10000
英国，Applied Res. Lab. LTD950 型	交联聚苯乙烯凝胶	8mm×500mm 8mm×600mm 8mm×900mm 8mm×1000mm 8mm×1200mm		10^5，3×10^4，10^8，30nm
日本，东洋曹达公司，G1000H-G7000H GM1×H	交联聚苯乙烯凝胶	8mm×600mm 8mm×1200mm	10^3～4×10^8	10^3，10^4，6×10^4，4×10^5，4×10^6，4×10^7，4×10^8

实验过程中需要对色谱柱进行加热处理，主要从以下几个方面考虑：①使 GPC 检测处于一个温度稳定的环境；②降低流动相黏度，使得谱柱内部溶剂处于接近理想的 GPC 状态；③尽量减轻分子间的相互作用（样品分子间、样品和溶剂分子间、填料和样品分子间等）；④使难于溶解的样品得以溶解（如工程塑料 PPS 等）。柱温在参数设置时，一般比室温高 5～10℃。

3. 填料（载体）

对填料最基本的要求有以下几点：①良好的化学稳定性和热稳定性；②有一定的机械强度；③不易变形；④流动阻力小；⑤对试样没有吸附作用；⑥分离范围越大越好（取决于孔径分布）等；⑦载体的粒度愈小，愈均匀，堆积得愈紧密，色谱柱分离效率愈高。填料包括有机凝胶和无机凝胶。有机凝胶主要有：交联聚乙酸乙烯酯凝胶和交联聚苯乙烯凝胶。交联聚苯乙烯凝胶的特点是孔径分布宽，分离范围大，适用于非极性有机溶剂。三个系列柱的凝胶颗粒分别为 5μm、10μm 和 20μm，分别用于测定低、中和超高分子量的高分子。无机凝胶主要有多孔玻璃、多孔氧化铝和改性多孔硅胶。其中改性多孔硅胶较常用，其特点是适用范围广（包括极性和非极性溶剂）、尺寸稳定性好、耐压、易更换溶剂、流动阻力小，缺点是吸附现象比聚苯乙烯凝胶严重。

4. 检测系统

检测器装在凝胶渗透色谱柱的出口，样品在色谱柱中分离以后，随流动相连续地流经检测器，根据流动相中的样品浓度及样品性质可以输出一个可供观测的信号，来定量地表示被测组分含量的变化，最终得到样品组分分离的色谱图和各组分含量的信息。通用型检测器：适用于所有高聚物和有机化合物的检测。主要有示差折光仪检测器、紫外吸收检测器、黏度检测器。如果选择示差折光仪检测器，则要求溶剂的折射率与被测样品的折射率有尽可能大的区别；如果选择紫外吸收检测器，则要求在溶质的特征吸收波长附近溶剂没有强烈的吸收。

四、测试过程

1. 选择合适的溶剂

在 GPC 中，常用溶剂及其主要物理性质列于表 4-8 中，由表 4-8 可见，经常用于 GPC 的溶剂有 20 多种可供选择。但有机凝胶体系，真正适用的溶剂也只有 10 多种。选择对试样有良好溶解能力的溶剂，才能使试样充分溶解，变成具有一定浓度的真溶液，这种均匀透明的分散体系，才有可能实现 GPC 柱的良好分离。特别对高聚物，由于溶解过程比小分子物质要缓慢，一般需要十几小时、几天甚至几周。

表 4-8 凝胶渗透色谱常用溶剂的物理性质

溶剂	密度 /(g/mL)	沸点 /℃	运动黏度 (20℃)/(mm²/s)	折射率 n_D^{20}	无紫外吸收下限 /nm
四氢呋喃	0.8892	66	0.51(25℃)	1.4070	220
1,2,4-三氯苯	1.4634	213	1.89(25℃)	1.5717	—
邻二氯苯	1.306	180.5	1.26	1.5516	—
苯	0.879	80.1	0.652	1.5005	280
甲苯	0.866	110.6	0.59	1.4969	285
N,*N*-二甲基甲酰胺	0.9445	153	0.90	1.4280	295
环己烷	0.779	80.7	0.98	1.4262	220
三氯乙烷	—	73.9	1.2	1.4797	225
二氧六环	1.036	101.3	1.438	1.4221	220
二氯乙烷	1.257	84	0.84	1.4443	225

续表

溶剂	密度/(g/mL)	沸点/℃	运动黏度(20℃)/(mm²/s)	折射率n_D^{20}	无紫外吸收下限/nm
间二甲苯	0.8676	139.1	0.86	1.4972	290
氯仿	1.489	61.7	0.58	1.4476	245
间甲酚	1.034	202.8	20.8	1.544	—
二甲基亚砜	—	189	—	1.4770	—
甲醇	0.7868	64.5	0.5506	1.3286	—
水	1.0000	100	1.00	1.3333	—
四氯乙烯	1.623	121	0.90	1.505	—
四氯化碳	1.595	76.8	0.969	1.4607	265
邻氯代苯酚	1.265	175.6	4.11	1.5473(40℃)	—
三氟乙醇	1.3823	73.6	1.20(38℃)	1.291	—
二氯甲烷	1.335	40.0	0.440	1.4237	220
己烷	0.6594	68.7	0.326	1.3749	210
对二氯苯	1.306	180	1.26	1.5515	—
甲基吡咯烷	0.819	202	1.65	1.47	—
1-甲基萘	—	235.0	—	1.618	—
三氯乙烯	1.460	87.19	0.566	1.476	—

GPC所使用的溶剂在选择时应该满足以下几个条件。

(1)对试样溶解性好 GPC所使用的溶剂要求对试样溶解性能好，并能溶解多种高聚物、低黏度、高沸点、无毒性且能很好地润湿凝胶但又不溶解色谱柱中的凝胶、与凝胶不起化学反应，经济易得等。此外，GPC要求溶剂的纯度较高，溶剂纯度还与检测器的灵敏度有关，检测器越灵敏，则要求溶剂纯度越高。

GPC常用的某些溶剂的性质及其对高聚物的溶解性能列于表4-9。从表4-9可以看出四氢呋喃能溶解的高聚物很多，并且它的折射率很小，黏度也小，波长在220nm以上紫外吸收不显著，故可同时适用于示差折光检测器与紫外吸收检测器。

表4-9 GPC常用某些溶剂的性质及其对高聚物的溶解性能

溶剂	沸点/℃	折射率n_D^{25}	操作温度/℃	能溶解的高聚物
四氢呋喃	66	1.4040	25～50	聚1-丁烯，丁基橡胶，醋酸纤维素，顺式聚丁二烯，聚二甲基硅氧烷，未固化环氧树脂，聚丙烯酸乙酯，异氰酸酯，三聚氰胺塑料，甲基丙烯酸甲酯-苯乙烯共聚物，苯酚甲醛树脂，聚丁二烯，聚碳酸酯，聚电解质，聚酯(非线型和不饱和)，多核芳香烃，聚苯乙烯，聚砜，聚乙酸乙烯酯，聚乙酸乙烯酯共聚物，聚乙烯醇缩丁醛，聚氯乙烯，聚乙烯基甲基醚，丁腈橡胶，丁苯橡胶，硅橡胶，苯乙烯-异戊二烯共聚物，聚乙二醇，聚溴乙烯，聚异戊二烯，天然橡胶，聚甲基丙烯酸甲酯，苯乙烯-丙烯腈共聚物，聚氨酯预聚体
苯	80.1	1.5011 n_D^{20}		聚1-丁烯，丁基橡胶，顺式聚丁二烯，聚二甲基硅氧烷，未固化环氧树脂，聚丙烯酸乙酯，甲基丙烯酸甲酯-苯乙烯共聚物，聚丁二烯，聚醚，聚异丁烯，聚异丁烯共聚物，聚异戊二烯，多核芳香烃，聚苯乙烯，丙烯-1-丁烯共聚物，丁基橡胶，丁腈橡胶，天然橡胶，丁苯橡胶，硅橡胶，氯丁橡胶，聚乙烯醇缩甲醛
甲苯	110	1.4941	80	聚1-丁烯，丁基橡胶，顺式聚丁二烯，聚二甲基硅氧烷，未固化环氧树脂，聚丙烯酸乙酯，甲基丙烯酸甲酯-苯乙烯共聚物，聚丁二烯，聚醚，聚异丁烯，聚异丁烯共聚物，聚异戊二烯，多核芳香烃，聚苯乙烯，丙烯-1-丁烯共聚物，丁基橡胶，丁腈橡胶，天然橡胶，丁苯橡胶，硅橡胶，氯丁橡胶，聚乙烯醇缩甲醛

续表

溶剂	沸点/℃	折射率 n_D^{25}	操作温度/℃	能溶解的高聚物
二甲基甲酰胺	153	1.4269	60～80	醋酸纤维素，硝酸纤维素，异氰酸酯，聚醚，聚氧乙烯，多核芳香烃，聚苯乙烯，聚氨酯，聚乙酸乙烯酯，聚乙烯醇缩丁醛，聚氟乙烯，聚碳酸酯，聚乙烯基甲基醚，苯乙烯-丙烯腈共聚物，聚氨酯预聚体，氯乙烯-乙酸乙烯酯共聚物
邻二氯苯	180	1.5515 n_D^{20}		聚1-丁烯，丁基橡胶，顺式聚丁二烯，聚二甲基硅氧烷，聚丙烯酸乙酯，聚乙烯-乙酸乙烯酯共聚物，乙烯-丙烯共聚物，三聚氰胺塑料，甲基丙烯酸甲酯-苯乙烯共聚物，聚丁二烯，聚碳酸酯，多核芳香烃，聚苯乙烯，聚乙酸乙烯酯，聚乙酸乙烯酯共聚物，丙烯-1-丁烯共聚物，丁基橡胶，丁腈橡胶，天然橡胶，丁苯橡胶，硅橡胶，聚乙烯，聚丙烯
二氯甲烷	40	1.4443 n_D^{20}		主要适用于聚碳酸酯及聚二甲基硅氧烷，多核芳香烃，聚苯乙烯，聚氨酯
三氯甲烷	61.7	1.446 n_D^{20}		主要适用于氯丁橡胶及硅橡胶
1,2,4-三氯苯	213	1.517	135	聚1-丁烯，丁基橡胶，顺式聚丁二烯，聚二甲基硅氧烷，聚丙烯酸乙酯，聚乙烯-乙酸乙烯酯共聚物，三聚氰胺塑料，聚丁二烯，聚碳酸酯，不饱和聚酯，聚乙烯(支化)，聚乙烯，多核芳香烃，聚苯醚，聚丙烯，聚苯乙烯，聚乙酸乙烯酯共聚物，聚氯乙烯，丙烯-1-丁烯共聚物，丁基橡胶，丁腈橡胶，天然橡胶，丁苯橡胶，硅橡胶
水	100	1.333 n_D^{20}		葡萄糖，聚电解质，聚乙烯醇
四氢萘			135	聚烯烃

(2) 不腐蚀仪器 溶剂选择时还应考虑到对色谱仪材料有无腐蚀性和对凝胶填料有无损害的问题。在凝胶渗透色谱仪中凡接触溶剂的零部件均是用不锈钢制成的。因此，能腐蚀不锈钢的溶剂均不能使用，溶剂中不能含游离的氯离子，在溶剂储存过程中也不允许逐渐分解出氯离子。水相GPC控制pH值用的卤素盐类化合物也会腐蚀不锈钢部件，应尽可能地采用硫酸盐和磷酸盐缓冲液来代替卤素盐。但是，应注意当溶剂成分或电解质的浓度发生改变时，作为电解质的盐的某些分子大小也会发生变化。

(3) 与检测器要尽可能匹配 溶剂与检测器的匹配也是十分重要的问题，如果使用示差折光检测器进行检测时，所选溶剂的折射率应与被测试样的折射率有尽可能大的差别，这样可以给出较大的检测信号，则可在较低的灵敏度挡下，得到基线平稳的响应值；反之，若所选溶剂的折射率接近被测试样的折射率时，则需要提高检测器灵敏度方能得到较大的检测响应值。而提高检测器灵敏度的结果往往导致噪声增加，基线不稳，给实验测定结果带来大的偏差。由于一般高聚物的折射率多在1.4～1.6，所以，最经常用的溶剂应该是具有较小的折射率，其中四氢呋喃由于满足上述要求，是GPC有机凝胶体系应用最为广泛的溶剂之一。

如果用紫外分光光度计作检测器时，所选择的溶剂应在测定波长上没有吸收或吸收极少，即在所选波长是“透明”的。同时要求溶剂在储存时也不能分解出具有紫外吸收的化合物。

(4) 和流动相溶剂尽可能保持一致 在GPC实验中，配样所用的溶剂应与流动相溶剂尽可能地保持一致。也就是说，用于溶解试样的溶剂应取自GPC仪的流动相溶剂，否则谱图可能会因杂质的折射率比溶剂的折射率大或小而出现正负杂质峰，造成检测或定量测定方面的困难。

(5) 黏度要低 实验所选用溶剂的黏度应尽可能地低，因为黏度的高低直接影响和限制扩散作用，在一定线速度下，色谱柱的压降正比于溶剂的黏度。当溶剂的黏度增加两倍时，分离所需要的时间也相应增加两倍。同时高黏度溶剂需要较高的色谱传质能力，造成柱压相应增高，试样的传质扩散速度小，不利于传质平衡，将会降低色谱的分离度。如果由于被测试样只能在一些高黏度的溶剂中溶解时，可以适当提高测试温度，以达到降低溶剂黏度的目的。但是溶剂的黏度也不宜过低，过低黏度的溶剂往往沸点较低，易造成色谱系统接口的泄漏，有时甚至在色谱柱或泵中产生气泡，干扰实验结果。

2. 溶剂的前期处理

GPC 系统应使用色谱纯的溶剂，以保证测试结果的重现性，更保证整个系统良好。四氢呋喃和二甲基甲酰胺均需严格的除水处理。

处理方法如下：剂中加入适量 CaH_2，观察气泡情况，若有大气泡冒起，说明此溶剂中含水较多，先用分子筛脱水后再加 CaH_2 回流；若冒起的气泡较小，说明含水较少，可直接加 CaH_2 回流，回流 8h 以上，然后再蒸馏。注意蒸馏溶剂时，绝对不能蒸干，否则会引起爆炸。

四氢呋喃很容易在储存时生成过氧化物，特别在日光的作用下生成更快。因此，溶剂应随用随蒸，蒸馏后封好口存放到保干器中。但放置时间过长，仍需重新蒸馏。

不管哪一种溶剂都溶有一定量的空气，因此，流动相溶剂在进入高压输液泵之前，必须预先脱气，以免由于柱后压力下降使溶解在流动液中的空气自动脱出而形成气泡，从而影响检测器的正常工作。而且，溶剂中的气体不脱除，还会导致泵、色谱或检测系统产生气泡。气泡一经形成，往往很难排除，结果造成泵压波动，特别是进入色谱柱的气泡会严重影响柱分离效率，使实验无法进行。为此，GPC 所用溶剂均必须进行脱气处理。

3. 试样制备

称取适量样品，溶解在合适的溶剂中，以容量瓶定容，配成一定浓度的稀溶液，高速离心后取上清液，经 0.2～0.45μm 的尼龙微孔膜过滤，备用。在制备试样时需要注意以下几点。

① 凝胶色谱中浓度检测通常使用示差折光检测器，一方面灵敏度不太高，所以试样的浓度不能配制得太稀。但另一方面色谱柱的负荷量是有限的，浓度太大易发生“超载”现象。所有实验时进样浓度在检测器灵敏度允许的范围内应尽可能低。对分子量比较大的试样，更应该在低浓度下测试。理论上，进样浓度按分子量大小的不同在 0.05%～0.3%范围以内配制，实际上，常按 10mg/mL 配制，但分子量较大或黏度较大的试样，溶液浓度应降低。

② 通常室温静置 12h 以上，然后轻轻混匀。绝对不能超声或者剧烈振荡来加速溶解。

③ 溶液进样前应先经过过滤，防止固体颗粒进入色谱柱内，引起柱内堵塞，损坏色谱柱。

4. 完成测试

用注射器吸取 5mL 试样溶液注射入进样器（注射器在使用前必须要排空空气，并用溶剂清洗），设置相应的参数，最后采集数据并进行分析。

5. 实验完成后，用纯化后的分析纯溶剂流过清洗色谱柱。

五、影响因素和解决方法

GPC 主要利用的是体积排除理论对聚合物的分子量及分子量分布进行分析，但是在实际测试过程中可能还存在一些非体积效应对测试结果的影响，主要体现在以下几个方面。

① 色谱柱填料的极性基团产生弱离子交换作用，致使高分子材料尺寸发生变化以及吸附或者排斥作用。

② 低分子量聚电解质停留时间增加，导致主峰后出现低分子量次峰。

③ 填料和聚电解质之间的氢键、疏水作用及离子交换作用等引起大分子吸附而使其停留时间增长或出现拖尾现象。

④ 高分子溶液流经 GPC 仪的接头、检测池时容易产生脉冲扩展而形成较宽的峰，同时填料颗粒的大小、形状以及填充不均匀也会引起高分子扩散，从而导致谱图中峰加宽，这就是所谓的“加宽效应”。

针对这些问题，减小误差提高测试精度，可以通过以下方法来实现。

① 适当提高淋洗液的离子强度。

② 调节流动相的 pH 值使填料和高聚物的极性基团处于电中性状态。

③ 加入添加剂改善大分子和固定相的相互作用以及固定相的表面性质（例如：为了避免聚乙烯醇在色谱柱中吸附，可以加入甲醇、乙二醇等）。

六、应用

1. 测定高分子材料中各个组分的含量

由于小分子与高分子的流体力学体积相差甚远，因而用 GPC 可同时分析而不必预先分离。从高分子材料的 GPC 谱图（图 4-27）可明显看到三个区域：A 区为高分子；B 区为添加剂和低聚物；C 区为未反应的单体和低分子量污染物（如水）等。

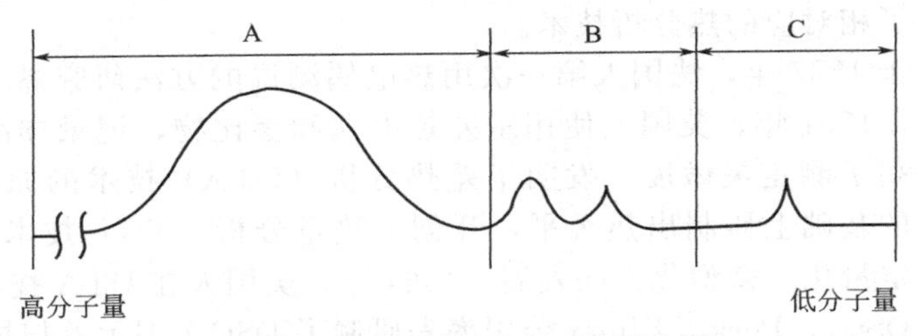

图 4-27 高分子材料 GPC 谱图分区

例如，分析 PVC 体系中增塑剂 DBP 的含量可以用 GPC 进行测试，从图 4-28 可以判断左边的峰为 PVC，右边的峰为 DBP，通过两个峰面积来计算 PVC 和 DBP 的比例。

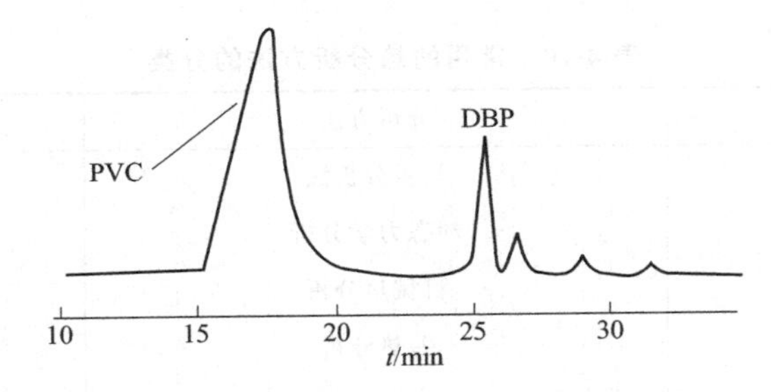

图 4-28 含有 DBP 的 PVC 的 GPC 曲线

2. 聚合反应过程的控制分析

用 GPC 对聚合反应进行中间控制分析，在达到预定的单体/聚合物比后及时终止反应，以节省生产时间。也可以监控聚合物的老化过程。

例如：图 4-29 为在耐候实验下，不同阶段下 HDPE 试样的 GPC 谱图。随着时间的增加，聚合物老化过程中分子量是逐渐下降的，从图中可以看出左边的峰在逐渐右移。

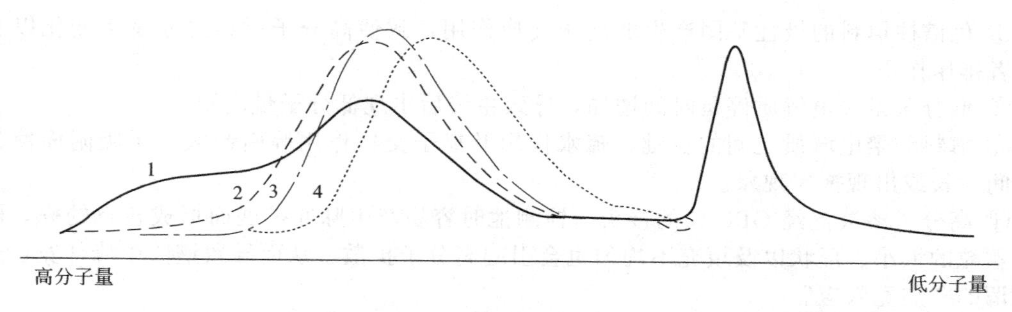

图 4-29 在耐候实验下，不同阶段下 HDPE 试样的 GPC 谱图
1—开始时；2—第一阶段；3—第二阶段；4—最后阶段

第五节 热分析法

1977 年在日本京都召开的国际热分析协会（international conference on thermal analysis，ICTA）第七次会议所下的定义：热分析是在程序控制温度下，测量物质的物理性质与温度之间关系的一类技术。这里所说的“程序控制温度”一般指线性升温或线性降温，也包括恒温、循环或非线性升温、降温。这里的“物质”指试样本身和（或）试样的反应产物，包括中间产物。

上述物理性质主要包括质量、温度、能量、尺寸、力学、声、光、热、电等。根据物理性质的不同，建立了相对应的热分析技术。

热分析法起源于 1887 年，法国人第一次用热电偶测温的方法研究黏土矿物在升温过程中的热性质的变化。1891 年，英国人使用示差热电偶和参比物，记录样品与参照物间存在的温度差，大大提高了测定灵敏度，发明了差热分析（DTA）技术的原始模型。1915 年，日本人在分析天平的基础上研制出热天平，开创了热重分析（TG）技术。1940～1960 年，热分析向自动化、定量化、微型化方向发展。1964 年，美国人在 DTA 技术的基础上发明了示差扫描量热法（DSC），Perkin-Elmer 公司率先研制了 DSC-1 型示差扫描量热仪。

根据国际热分析协会（ICTA）的归纳和分类，目前的热分析方法共分为九类十七种，在这些热分析技术中，热重法、差热分析、差示扫描量热法和热机械分析应用得最为广泛。表 4-10 中列出常用的热分析方法及其简称。

表 4-10 常用的热分析方法的分类

物理性质	分析方法	简 称
质量	热重分析法	TG
力学特性	动态力学分析	DMTA
机械特性	机械热分析	TMA
温度	差热分析	DTA
热量	差示扫描量热法	DSC
尺寸	热膨胀法	TD

一、热重分析法（TG）

TG 方法广泛应用于塑料、橡胶、涂料、药品、催化剂、无机材料、金属材料与复合材料等各领域的研究开发、工艺优化与质量监控。可以测定材料在不同气氛下的热稳定性与氧化稳定性，可对分解、吸附、解吸附、氧化、还原等物化过程进行分析，包括利用 TG 测试结果进一步作表观反应动力学研究。

（一）测试原理

热重分析法（thermogravimetry analysis，简称 TG 或 TGA）为使样品处于一定的温度程序（升/降/恒温）控制下，观察样品的质量随温度或时间的变化过程，获取失重比例、失重温度（起始点、峰值、终止点……）以及分解残留量等相关信息。许多物质在加热过程中常发生质量的变化，一方面，如含水化合物的脱水、化合物的分解、固体的升华、液体的蒸发等均会引起试样失重；另一方面，待测试样与周围气氛的化合又将导致质量的增加。热重分析就是以试样的质量对温度 T 或时间 t 作图得到的热分析结果。而测试质量变化速度 dW/dt 对温度 T 的曲线则称为微分热重曲线。

（二）热重分析仪工作原理

热重分析仪工作示意如图 4-30 所示。

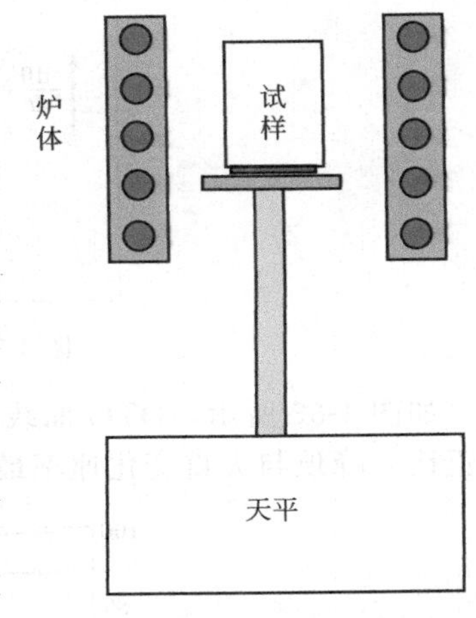

图 4-30 热重分析仪工作示意

炉体为加热体，在一定的温度程序下运作，炉内可通以不同的动态气氛（如 N_2、Ar、He 等保护性气氛，O_2、空气等氧化性气氛及其他特殊气氛等），或在真空或静态气氛下进行测试。在测试进程中样品支架下部连接的高精度天平随时感知到样品当前的重量，并将数据传送到计算机，由计算机画出样品重量对温度/时间的曲线（TG 曲线）。当样品发生重量变化（其原因包括分解、氧化、还原、吸附与解吸附等）时，会在 TG 曲线上体现为失重（或增重）台阶，由此可以得知该失/增重过程所发生的温度区域，并定量计算失/增重比例。若对 TG 曲线进行一次微分计算，得到热重微分曲线（DTG 曲线），可以进一步得到重量变化速率等更多信息。

现代的 TG 仪器结构较为复杂，除了基本的加热炉体与高精度天平外，还有电子控制部分、软件，以及一系列的辅助设备。测试过程中用到的保护气通常使用惰性的 N_2，经天平室、支架连接区而通入炉体，可以使天平处于稳定而干燥的工作环境，防止潮湿水汽、热空气对流以及样品分解污染物对天平造成影响。仪器允许同时连接两种不同的吹扫气，并根据需要在测量过程中自动切换或相互混合。常见的接法是其中一路连接 N_2 作为惰性吹扫气氛，应用于常规应用；另一路连接空气，作为氧化性气氛使用。在气体控制附件方面，可以配备传统的转子流量计、电磁阀，也可配备精度与自动化程度更高的质量流量计。

（三）热重分析曲线分析

在热重分析试验中，试样质量 W 作为温度 T 或时间 t 的函数被连续地记录下来，TG 曲线表示加热过程中样品失重累积量，为积分型曲线。理想热重曲线见图 4-31(a)，表示热重过程是在某一特定温度下发生并完成的。曲线上每一个阶梯都与一个热重变化机理相对应。每一条水平线意味着某一稳定化合物的存在；而垂直线的长短则与试样变化对质量的改变值成正比。

然而由实际热重曲线图 4-31(b) 可见，热重过程实际上是在一个温度区间内完成的，曲线上往往并没有明晰的平台。在曲线上表现为曲线的过渡和斜坡，甚至两次失重之间有重叠区，两个相继发生的变化有时不易划分，因此，也就难以分别计算出质量的变化值。微分热重曲线图 4-31(c) 已将热重曲线对时间微分，结果提高了热重分析曲线的分辨力，可以较准确地判断各个热重过程的发生和变化情况。DTG 曲线是 TG 曲线对温度或时间的一阶导数，即质量变化率，dW/dT 或 dW/dt。典型热重分析曲线如图 4-31 所示。

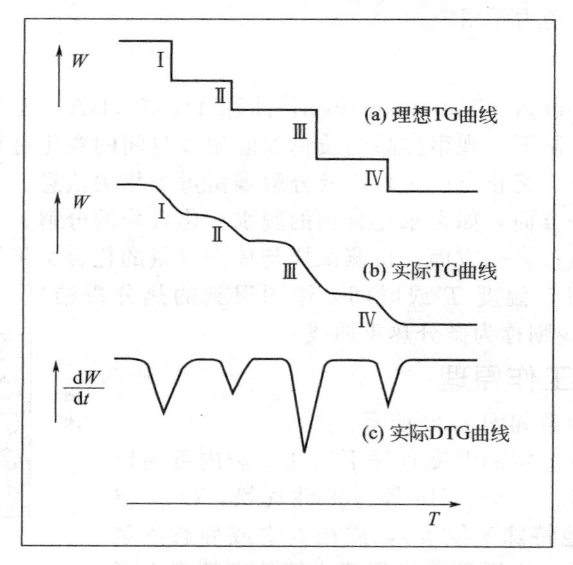

图 4-31　热重分析和微分热重分析曲线示意

如图 4-32 所示，DTG 曲线上出现的峰指示质量发生变化，峰的面积与试样的质量变化成正比，峰顶与失重变化速率最大处相对应。

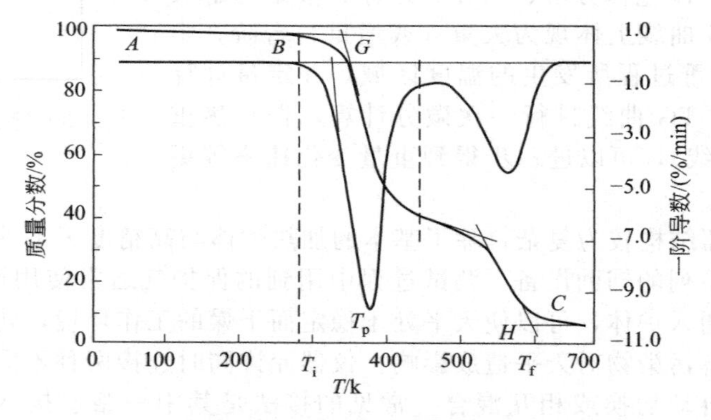

图 4-32　典型热重分析曲线

TG 曲线上质量基本不变的部分称为平台，两平台之间的部分称为台阶。$A \sim B$ 段质量基本不变，因此 $A \sim B$ 称为重量基线。B 点所对应的温度 T_i 是指累积质量变化达到能被热天平检测出的温度，称为反应起始温度。C 点所对应的温度 T_f 是指累积质量变化达到最大的温度（TG 已检测不出质量的继续变化），称为反应终了温度。

反应起始温度 T_i 和反应终了温度 T_f 之间的温度区间称反应区间。亦可将 G 点取作 T_i 或以失重达到某一预定值（5%、10%等）时的温度作为 T_i，将 H 点取作 T_f。T_p 表示最大失重速率温度，对应 DTG 曲线的峰顶温度。

和 TG 相比 DTG 更精准。它能准确反映出起始反应温度 T_i，最大反应速率温度 T_p，更能清楚地区分相继发生的热重变化反应；DTG 曲线峰的面积精确对应着变化了的样品重量，较 TG 更能准确地进行定量分析。

（四）试样准备

① 测试样品及其分解物绝对不能与测量坩埚、样品支架、热电偶发生反应。

② 测试样品为粉末状、颗粒状、片状、块状、固体、液体均可，但需保证与测量坩埚底部接触良好，样品应适量，以便减小在测试中样品温度梯度，确保测量精度。

③ 对于热反应剧烈或在反应过程中易产生气泡的样品，应适当减少样品量。

（五）测试步骤（以NETZSCH—TG 209 F1为例）

1. 根据样品材料选择合适的坩埚

常规使用铝坩埚。如改变了坩埚种类，需在软件的仪器设置项目中作相应设定；为了保证测量精度，测量所用的 Al_2O_3 坩埚（包括参比坩埚）必须预先进行热处理到等于或高于其最高测量温度。

2. 样品称重

建议使用0.01mg以上精度的天平称量。一般测量，坩埚加盖（铝坩埚在盖上扎孔后与坩埚一起压制），以防样品污染仪器。特殊测试除外（如氧化诱导期测试坩埚不加盖，轻度挥发的样品可考虑坩埚盖不扎孔密闭压制）。

3. 开机前准备

提前1h检查恒温水浴的水位（保持液面低于顶面2cm），建议使用去离子水或蒸馏水；打开三个电源开关，在面板上检查设定的温度值应比环境温度高约3℃，同时注意有无漏水现象。

4. 开机

依次打开电源开关：显示器、电脑主机、仪器测量单元。

5. 气体检查

确定实验用的气体（推荐使用惰性气体，如氮气），调节低压输出压力为0.05MPa（不能大于0.2MPa），在仪器测量单元上手动测试气路的通畅，调节好相应的流量，并保证出气阀打开。

6. 测试软件操作

在电脑上打开对应的TG209F3测量软件，待自检通过后，检查仪器设置，确认坩埚的类型；打开炉盖，观察支架应在炉体中央不会碰壁时，将其升起，放入空坩埚，升降支架观察中心位置有无异常；按照工艺要求，新建一个基线文件（此时不用称重）编程运行；待程序结束后，打开炉子取出坩埚（同样要注意支架的中心位置），将样品平整放入后，然后打开基线文件，选择基线加样品的测量模式，编程运行，注意在温度段中仅能更改原程序的结束温度值，即倒数第二步，小于或等于原值；若原有的基线文件合用，可直接将其打开，选择样品加基线模式编程运行。

7. 数据分析及文件储存

程序结束后会自动存储，可打开分析软件包（或在测试中运行实时分析）对结果进行数据处理，处理完后可保存为另一种类型的文件。

8. 关机

待样品温度降至100℃以下时打开炉盖，拿出坩埚。不使用仪器时正常关机顺序依次为：关闭软件、退出操作系统、关电脑主机、关显示器、关测量单元、关恒温水浴；关闭使用气瓶的高压总阀，低压阀可不必关。

（六）影响因素

为了获得精确的实验结果，分析各种因素对TG曲线的影响是很重要的。影响TG曲线的重要因素主要包括：仪器因素和试样因素。

1. 仪器因素

（1）升温速率 升温速率对热重测试影响较大，升温速率除特殊要求外一般为5～

30K/min。

升温速率越大，所产生的热滞后现象越严重，往往导致热重曲线上的起始温度 T_i 和终止温度 T_f 偏高。虽然分解温度随升温速率变化而变化，但失重量保持恒定。如图 4-33 所示，在 N_2 气氛下，不同升温速率下 PVC 绝缘材料的 TG 曲线。随着升温速率从 10℃/min 增加到 30℃/min，PVC 绝缘材料热分解温度增加，而且余量为 50%时的温度也有所提高。

中间产物的检测与升温速率密切相关，升温速率快不利于中间产物的检出，因为 TG 曲线上拐点变得不明显，而慢的升温速率可得到明确的实验结果。

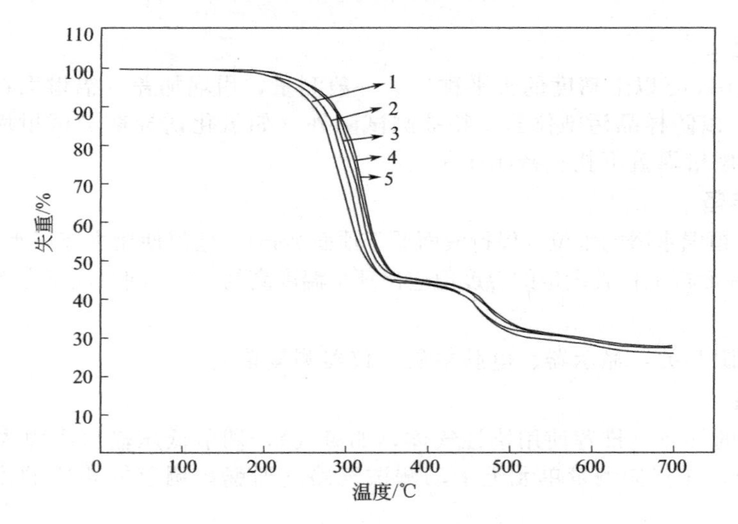

图 4-33 不同升温速率下 PVC 绝缘材料的 TG 曲线

1—10℃/min；2—15℃/min；3—20℃/min；4—25℃/min；5—30℃/min

(2) 气氛的影响 热重法通常可在静态气氛或动态气氛下进行测定。试样周围气氛对热分解过程有较大的影响，气氛对 TG 曲线的影响与反应类型、分解产物的性质和气氛的种类有关。

在静态气氛下，如果测定的是一个可逆的分解反应，随着温度的升高，分解速率增大。但由于试样周围气体浓度增加会使分解速率下降。另外炉内气体的对流可造成样品周围的气体浓度不断变化。这些因素会严重影响实验结果，所以通常不采用静态气氛。为了获得重复性好的实验结果，一般在严格控制的条件下采用动态气氛。

2. 试样因素

(1) 试样用量 样品重量一般为 5～25mg，常规选 10mg 左右，实验时应用尽可能少的量做出较好实验效果。当试样取量过大时，可能会产生以下问题：

① 试样吸热或放热反应会引起试样温度发生偏差，试样用量越大，这种产生的偏差也就越大。

② 反应产生的气体通过试样粒子间空隙向外扩散，试样量越大，扩散阻力越大，扩散速率变小。

③ 试样量越大，本身的温度梯度越大。

(2) 试样颗粒大小

① 试样颗粒大小对热传导、气体扩散有较大影响。如粒度颗粒的不同会引起气体产物的扩散过程产生较大的变化，这种变化可导致反应速率和 TG 曲线形状的改变。

② 粒度越小，反应速率越快，使 TG 曲线上的 T_i 和 T_f 温度降低，反应区间变窄。

③ 试样粒度大往往得不到较好的 TG 曲线。粒度减小不仅使热分解温度下降，而且也使分解反应进行得很完全。

(3) 其他 试样的反应热、导热性、比热容等因素都对 TG 曲线有影响。例如：反应热会引起试样的温度高于或低于炉温，这将对计算动力学数据带来严重的误差。气体分解产物在固体试样中的吸附也会影响 TG 曲线。可以通过无盖大口径坩埚、薄试样层或使惰性气氛流过炉子以减少吸附。

(七) 注意事项

① 所做样品分解量很大（分解超过 50%）时，应该减少样品量，适当加大吹扫气及保护气流量，将分解物带走。特别是做油类样品时。

② 定期清理炉腔出气口，用无水乙醇清洗去除垢物，防止堵塞。

③ 热重测量一般使用敞口坩埚。如样品存在发泡溢出等现象，或分解剧烈可能污染传感器，建议坩埚加盖。

④ 保持样品坩埚的清洁，应使用镊子夹取，避免用手触摸。

⑤ 一次修正测试获得的基线可用于后续一系列类似条件（起始温度、升温速率、气氛、坩埚等相同）的样品测试，但在相隔较长时间或实验环境发生改变（如气温发生较大变化、仪器长时间未使用后重新开机）后建议重新进行基线测试。

⑥ 试验完成后，必须等炉温降到 100℃以下后才能打开炉体。

⑦ 应避免在仪器极限温度（1000℃）附近进行长时间的恒温。

(八) 热重分析法在高分子材料中的应用

热重法可精确测定物质质量的变化，对高分子材料的组成进行定量分析。热重法大致可用于以下几个方面：①物质的成分分析；②物质的热分解过程和热解机理；③在不同气氛下物质的热性质；④水分和挥发物的分析；⑤升华和蒸发速率；⑥氧化还原反应高聚物的热氧化降解；⑦反应动力学研究。

例如，可以通过热重分析法来比较 PVC、PMMA、PE、PTFE、PI 等几种材料的热稳定性，如图 4-34 所示，PMMA、PE、PTFE 能够完全分解，但热稳定性依次增加。PVC 稳定性最差，首先发生失重，主要是在 200℃温度左右脱去 HCl 形成共轭双键，420℃左右分子链断裂发生第二次失重。PI 的热稳定最好，850℃下分解才 40%。

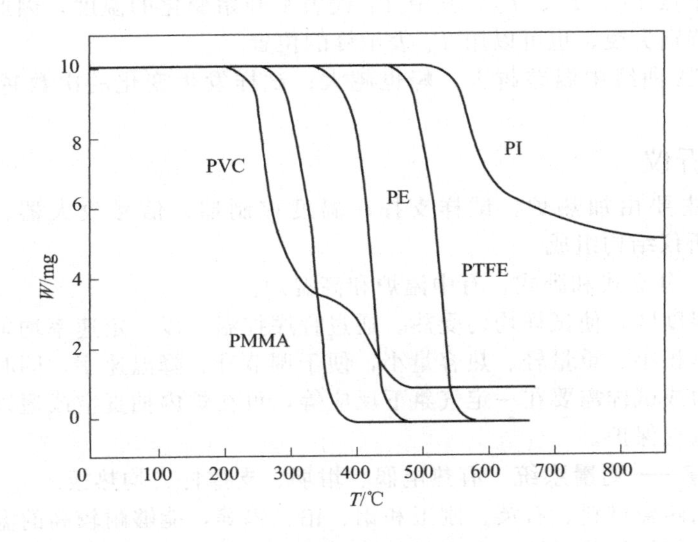

图 4-34 几种不同聚合物的热重曲线

二、差热分析法（DTA）

（一）测试原理

差热分析是在程序控制温度下，测量物质与参比物之间的温度差与温度关系的一种技术。差热分析曲线描述了样品与参比物之间的温差（ΔT）随温度或时间的变化关系。在一定的条件下同时加热或者冷却样品和参照物，及时记录两者之间的温度差。因此差热分析法是一种动态分析法。

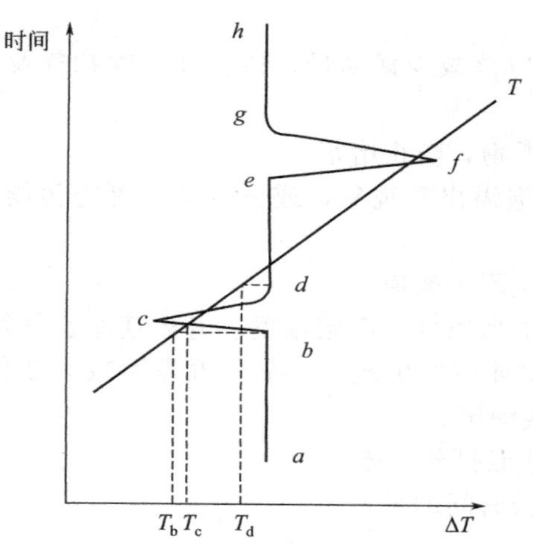

图 4-35　理想差热曲线

高分子材料在加热和冷却过程中会发生一些物理或者化学变化，如熔融、凝固、晶型转化、分解、交联固化等现象。但是这些现象同时会伴随着焓变，产生吸热或者放热效应。若我们在测试中，选择一种在温度变化过程中不会发生任何物理或者化学变化，没有任何热效应的物质作为参照物，那么我们测试后会得到差热曲线，这是一张理想的差热曲线图（见图 4-35），被测材料和参照物在升温或者降温过程中的温差就能够直接反映被测材料在温度变化过程中的温度变化情况。

图 4-35 中有两条曲线，一条是温度线 T，它代表温度随时间的变化；另一条是差热线，它表示样品与参比物温差随时间的变化。图 4-35 中与时间轴平行的线段 ab、de、gh 称为基线，bcd、efg 所构成的两个峰称为差热峰。两者峰的方向相反，说明其中一个是吸热峰，另一个是放热峰。

差热峰的数目、位置、方向、高度、宽度、对称性和峰的面积是分析材料的主要依据。峰的数目代表在测温范围试样发生物理或者化学变化的次数。峰的位置标志着试样发生变化的温度范围。峰的方向表明了是吸热还是放热过程。峰的面积反映了热效应的大小。

以差热峰 bcd 为例，b 为峰的起点，c 为峰的顶点，d 为峰的终点，这三个点在温度线 T 上都对应着三个点 T_b、T_c、T_d，其中 T_b 代表了开始变化的温度，因此常用 T_b 表征峰的位置，如果峰特别尖锐，也可以用 T_c 表示峰的位置。

显然，在 DTA 曲线中温差越大，峰也越大；试样发生变化的次数越多，峰的数目也越多。

（二）差热分析仪

差热分析仪主要由加热炉、试样支撑、温度控制器、信号放大器、记录单元组成。图 4-36是差热分析仪结构组成。

（1）加热炉　分立式和卧式。有中温炉和高温炉。

炉内有均匀温度区，使试样均匀受热。通过程序控温，以一定速率均匀升（降）温，控制精度高；炉子体积小、重量轻、热容量小，便于调节升、降温速率，同时也便于维修。为提高仪器抗腐能力或试样需要在一定气氛下反应等，可在炉内抽真空或通以保护气，一般情况下我们选择用氮气保护。

（2）试样支撑——测量系统　有热电偶、坩埚、支撑杆、均热板。

样品坩埚采用陶瓷材料、石英、刚玉和钼、铂、钨等，能够耐较高的温度。为了保证在耐高温条件能够有较好的传导性，支架材料选择镍（$<$1300℃）或者刚玉（$>$1300℃）。

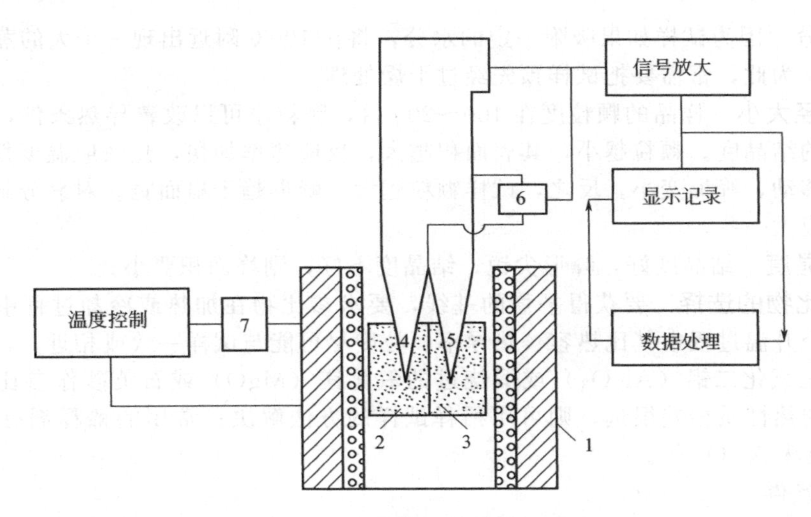

图 4-36　差热分析仪结构组成

1—加热炉；2—试样；3—参比物；4—测温热电偶；5—温差热电偶；6—测温单元；7—温控单元

热电偶是差热分析的关键元件。其能产生较高温差电动势，随温度成线性关系的变化；热电偶能测定较高的温度，测温范围宽，长期使用无物理、化学变化，高温下耐氧化、耐腐蚀；比电阻小、热导率大。

（3）温度控制单元　使炉温按给定的程序方式（升温、降温、恒温、循环）以一定速度变化。主要由加热器、冷却器、温控元件和成像温度控制器组成。

（4）差热放大单元　用以放大温差电势，由于记录仪量程为毫伏级，而差热分析中温差信号很小，一般只有几微伏到几十微伏，因此差热信号须经放大后再送入记录仪中记录。

（5）记录单元　利用自动记录仪将测温信号和温差信号同时记录下来。把放大的物理信号对温度作图，并以数字、曲线形式显示。

（三）DTA 曲线的影响因素

DTA 曲线直观反映了随着温度变化，材料在这个过程中吸热和放热的情况。其最终结果受到仪器、试样以及测试条件等多方面的影响。由于各种条件的影响，实际得到的差热分析曲线比理想曲线要复杂些。

1. 仪器因素

（1）加热炉的结构和尺寸　炉子的炉膛直径越小，长度越长，均温区就越大，在均温区内的温度梯度就越小。

（2）坩埚材料和形状　坩埚的直径大、高度小，试样容易反应，灵敏度高，峰形也尖锐。目前多用陶瓷坩埚。

（3）热电偶的性能及放置位置　热电偶热端应置于试样中心。

（4）显示和记录系统的精度等

2. 试样因素

（1）用量　试样用量越大，内部传热时间越长，形成的温度梯度越大，DTA 峰形就会扩张，易使相邻两峰重叠，降低了分辨率。一般尽可能减少用量至 5～15mg。而且试样量越大，差热峰越宽、越圆滑。其原因是因为加热过程中，从试样表面到中心存在温度梯度，试样越多，梯度越大，峰也就越宽。

装填时，试样要薄而均匀，若装填不均匀也影响产物的扩散速率和试样的传热速度，因此会影响 DTA 曲线形态。

（2）水分 因为试样如果吸附一定的水分，将在100℃附近出现一个大的蒸发吸热峰干扰实验结果。为此，常需要把试样预先经过干燥处理。

（3）粒径大小 样品的颗粒度在100～200目，颗粒小可以改善导热条件，但太细可能会破坏样品的结晶度。颗粒越小，其表面积越大，反应速率加快，热效应温度偏低，即峰温向低温方向移动，峰形变小。反之，试样颗粒越大，峰形趋于扁而宽。对易分解产生气体的样品，颗粒应大一些。

（4）结晶度 结晶度好，峰形尖锐；结晶度不好，则峰面积要小。

（5）参比物的选择 要获得平稳的基线，要求参比物在加热或冷却过程中不发生任何变化，在整个升温过程中其比热容、热导率、粒度尽可能与试样一致或相近。

常用α-三氧化二铝（Al_2O_3）或煅烧过的氧化镁（MgO）或石英砂作参比物。如果试样与参比物的热性质相差很远，则可用稀释试样的方法解决；常用的稀释剂有SiC、铁粉、Fe_2O_3、玻璃珠Al_2O_3等。

3. 测试条件

（1）升温速率 升温速率是对DTA曲线产生最明显影响的实验条件之一。当升温速率增大时，dH/dt越大，即单位时间产生的热效应增大，峰顶温度通常向高温方向移动，峰的面积也会增加。慢的升温速率，基线漂移小，使体系接近平衡条件，得到宽而浅的峰，也能使相邻两峰更好地分离，因而分辨率高。但测定时间长，需要仪器的灵敏度高。

（2）炉内气氛 气氛和压力可以影响样品化学反应和物理变化的平衡温度、峰形，因此必须根据样品的性质选择适当的气氛和压力。不同性质的气氛如氧化气氛、还原气氛或惰性气氛对DTA测定有较大影响。气氛对DTA测定的影响主要由气氛对试样的影响来决定，对DTA测定的影响主要对那些可逆的固体热分解反应，而对不可逆的固体热分解反应则影响不大。如果试样在受热反应过程中放出气体能与气氛组分发生作用，那么气氛对DTA测定的影响就越显著。

（3）炉内的压力 对于不涉及气相的物理变化，如晶型转变、熔融、结晶等变化，转变前后体积基本不变或变化不大，那么压力对转变温度的影响很小，DTA峰温基本不变。但对于有些化学反应或物理变化要放出或消耗气体，则压力对平衡温度有明显的影响，从而对DTA的峰温也有较大的影响，如热分解、升华、汽化、氧化等。其峰温移动的程度与过程的热效应有关。

（四）应用

1. 定性分析

能够用于定性表征和鉴别物质。根据DTA曲线中峰位置、形状和峰的数目与标准DTA曲线进行对照。目前物质标准谱图大概有3600多张，涉及矿物质、无机物和有机物等。

2. 定量分析

DTA曲线中峰的面积反映了物质的热效应（热焓），可以用来定量计算参比与反应的物质的量或测定热化学参数。

3. 共混物材料成分分析

如图4-37所示，不同聚合物DTA曲线上的特征峰位置不同，由此可以鉴别混合物中不同的聚合物种类。根据峰的面积，可以分析混合物中各个组分的含量。

三、差示扫描量热法（DSC）

上面我们介绍了差热法（DTA）表征材料在温度变化过程中的吸放热过程，但是这种

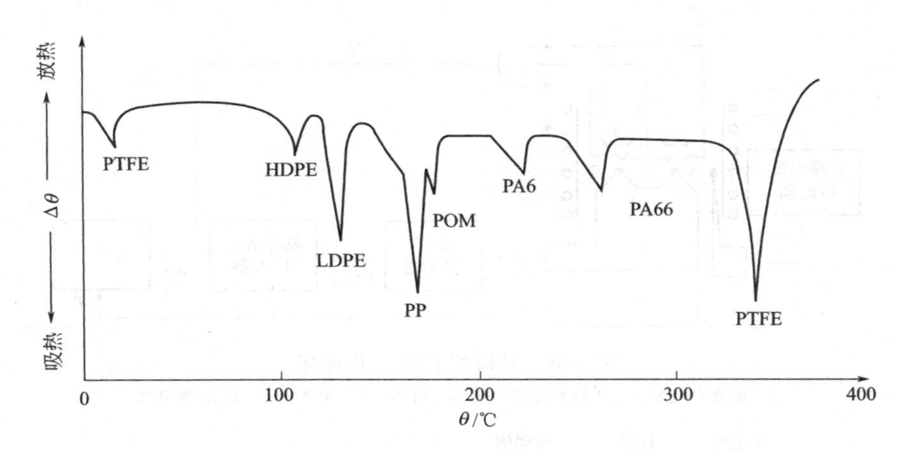

图 4-37 某共混材料 DTA 谱图

方法在使用过程中存在一定的局限性，主要体现在两个方面：①试样在产生热效应时，升温速率是非线性的，从而使校正系数 K 值变化，难以进行定量；②试样产生热效应时，由于与参比物、环境的温度有较大差异，三者之间会发生热交换，降低了对热效应测量的灵敏度和精确度，使得差热技术难以进行定量分析，只能进行定性或半定量的分析工作。为了克服上述缺点，发展了差示扫描量热法。

差示扫描量热法（DSC）是在程序控温下，测量物质和参比物之间的能量差随温度变化关系的一种技术（国际标准 ISO 11357-1）。根据测量方法的不同，又分为功率补偿型 DSC 和热流型 DSC 两种类型。常用的功率补偿 DSC 是在程序控温下，使试样和参比物的温度相等，测量每单位时间输给两者的热能功率差与温度的关系的一种方法。该法对试样产生的热效应能及时得到应有的补偿，使得试样与参比物之间无温差、无热交换，试样升温速率始终跟随炉温线性升温，保证了校正系数 K 值恒定。测量灵敏度和精度大有提高。热流型 DSC 是在给予样品和参比物相同的功率下，测定样品和参比物两段的温差 ΔT，然后根据热流方程，将 ΔT（温差）换算成 ΔQ（热量差）作为信号的输出。

DSC 可以用于测量包括高分子材料在内的固体、液体材料的熔点、沸点、玻璃化转变温度、比热容、结晶温度、结晶度、纯度、反应温度以及反应热。

（一）补偿型 DSC

补偿型 DSC 工作原理如图 4-38 所示。功率补偿型 DSC 的主要特点是试样和参比物分别具有独立的加热器和传感器，整个仪器由两个控制电路进行监控。其中一个监控温度，使样品和参比物在预定的速率下升温或者降温；另一个用于补偿样品和参比物之间的温差，这个温差是由样品的吸热或者放热效应产生的。通过功率补偿电路使样品和参比物的温度保持相同，这样就可以从补偿功率直接求算出热流率。

（二）热流型 DSC

热流型 DSC 工作原理如图 4-39 所示。普通热流型 DSC 用康铜片作为热量传递到样品和从样品传递出热量的通道，并作为测温热电偶结点的一部分，其测试原理与差热分析仪类似。它的主要特点是利用导热性能好的康铜盘把热量传输到样品和参比物，使它们受热均匀。样品和参比的热流差通过试样和参比物平台下的热电偶进行测量。样品温度由镍铬板下的镍铬-镍铝热电偶进行测量。这种热流型 DSC 仍属 DTA 测量原理，它可定量地测定热效应，同时该仪器在等速升温的同时还可以自动改变差热放大器的倍数，以补偿仪器常值随温度升高所减少的峰面积。

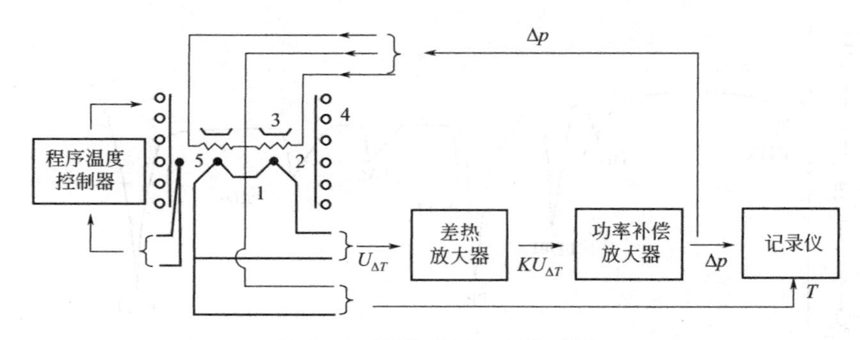

图 4-38 补偿型 DSC 工作原理

1—温差热电偶；2—补偿电热丝；3—坩埚；4—电炉；5—控温热电偶

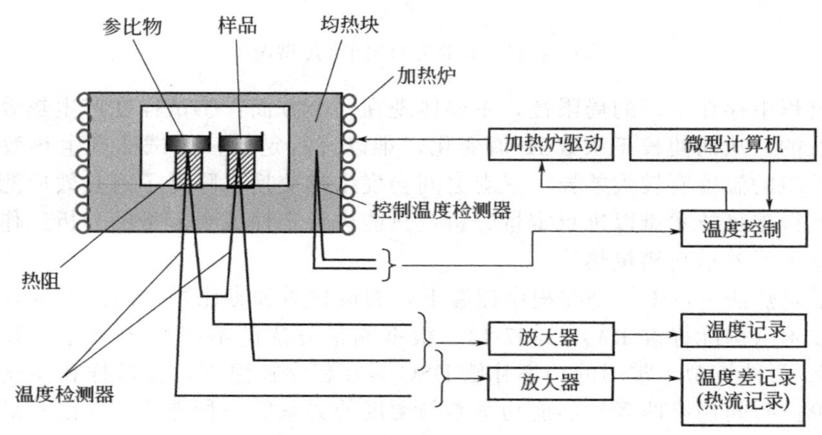

图 4-39 热流型 DSC 工作原理

（三）测试影响因素

DSC 的影响因素与 DTA 基本上类似，由于 DSC 用于定量测试，因此实验因素的影响显得更重要，其主要的影响因素包括实验条件和试样特性两个方面。

1. 实验条件

（1）升温速率 升温速率主要影响 DSC 曲线的峰温和峰形，一般升温速率越大，峰温越高，峰形越大和越尖锐。实际中，升温速率的影响是很复杂的，对温度的影响在很大程度上与试样的种类和转变的类型密切相关。

（2）气氛 实验时，一般对所通气体的氧化还原性和惰性比较注意，而往往容易忽略对 DSC 峰温和热焓值的影响。实际上，气氛的影响是比较大的。

（3）样品盘 选择合适的样品盘对测试结果也会产生影响。应该选择密闭性好的样品盘，这样对于吸水性样品，低温阶段可以抑制水分的蒸发，避免水分蒸发峰对高聚物 T_g 测定的干扰。进行高温测试必须在盖子上扎孔，以免样品盘内部蒸气压过大，对测试结果造成影响。

（4）扫描 灵敏度随扫描速度提高而增加，分辨率随扫描速度提高而降低。对于聚合物，由于微量水、残留溶剂等杂质的存在，以及复杂的历史效应的影响，第一次升温扫描时常有干扰。消除干扰的方法之一是重复扫描，将第一次扫描作为样品的预处理（也可以在 DSC 仪外进行预处理），测定降温曲线或第二次升温曲线。

2. 试样特性

（1）试样用量的影响 试样用量不宜过多，多会使试样内部传热慢，温度梯度大，导致峰形扩大、分辨力下降。

试样量可根据要求在0.5～10mg之间变动。样品量少，有利于使用快速程序扫描，这样可得到高分辨率，从而提高定性的效果。同时可以提高试验的重复性。有利于与周围的气氛相接触，容易释放裂解产物，还可获得较高的转变能量。但试样量小，灵敏度会下降。试样量大的优点是可以观察到细小的转变，可以得到较精确的定量结果，并可获得较多的挥发产物，以便用其他方法配合进行分析。试样重量的大小对所测转变温度也有影响。随试样量增加，峰起始点温度变化较小，而峰顶温度和终止温度会随之增加。因此，如果同类试样做比较差异测试，最好采用相近的试样量。

(2)样品几何形状的影响 DSC可以分析固体和液体试样。固体试样可以是粉末、薄片、薄膜、织物、纤维或颗粒状物。根据试样形态不一样，可以制成不同形状进行测试。例如：高聚物薄膜或织物可以直接冲成圆片测试；纤维通常要剪成很短的小段进行测试；块状试样，可用刀或锯分解成小块。而液体试样可以直接滴加或注射到样品盘中测试。

样品的大小对DSC峰形亦有影响。大块样品常使峰形不规则，这是由于传热不良所致，而细或薄的试样则得到规则的峰形，有利于面积的计算。一般来说，它对峰面积基本上没有影响。如图4-40所示，用一定重量的试样（0.05mg）测定聚乙烯的熔点，当试样厚度从1μm增至8μm时，其峰温可增加1.7K。

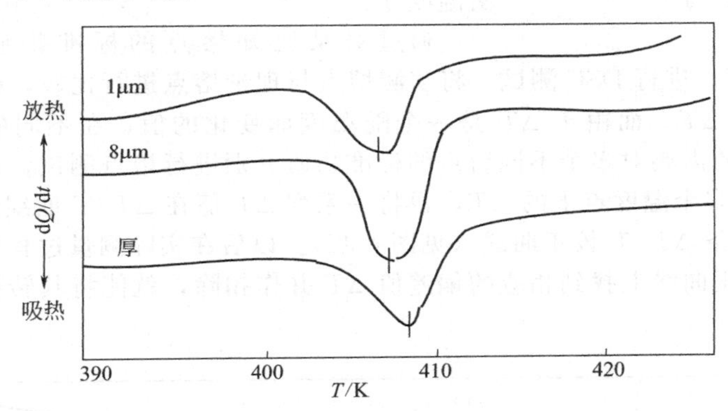

图4-40 不同厚度聚乙烯熔点测试

(四)操作步骤[以美国TA公司差示扫描量热仪(DSC)Q20为例]

① 打机预热30min。

② 打开氮气阀门，调节压力大小为100～140kPa。

③ 用分析天平准确称量等重量的样品和参比物，然后放入坩埚，加盖后在卷边机上压紧。打开炉盖和安全板，将试样和参比物放入。

④ 在摘要选项中，选择标准模式、自定义试验，输入样品信息，选择数据文件存储路径。

⑤ 在过程选项中，使用编辑器编辑试验操作程序。

⑥ 在注释选项中，输入相关信息，确定质流控制设置中的样品及流量大小（一般设置为30～50mL/min），完成后应用该试验程序。

⑦ 开始试验，点击运行键。

⑧ 试验完成后，进入Universal Analysis 2000编辑试验结果。

⑨ 试验完毕后，待温度降至待机温度（40℃）后，关闭控制菜单中事件（Event）选项，再关闭DSC设备，试验完成，关闭控制主机。

注意：试验完毕后，必须在温度降低至待机温度后，才可以关闭Event，断开RSC。

⑩ 试验完成，清理现场。

（五）仪器校正

不管是 DTA 还是 DSC 对试样进行测定的过程中，试样发生热效应后，其热导率、密度、比热容等性质都会有变化。使曲线难以回到原来的基线，形成各种峰形。如何正确选取不同峰形的峰面积，对定量分析来说是十分重要的。

为了能够得到精确的数据，即使对于那些精确度相当高的 DSC 仪，也必须经常进行校核。DSC 是动态量热技术，对 DSC 仪器重要的校正就是温度校正和量热校正。

1. 温度校正

温度校正校正的是热电偶测量到的温度与试样实际温度之间的偏离。该偏离程度不仅受到坩埚导热性能、所用气氛的导热性能等因素的影响，也与长时间使用后热电偶的老化程度有关。

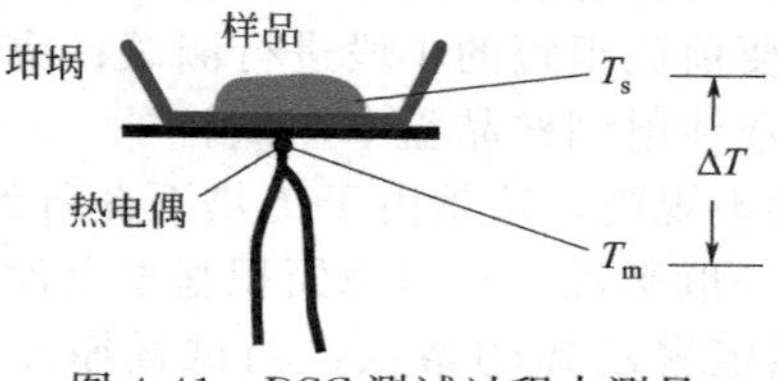

图 4-41　DSC 测试过程中测量温度和实际温度

如图 4-41 所示，由于坩埚热阻等因素，在试样实际温度 T_s 与热电偶检测到的温度 T_m 之间存在一定的温度差 ΔT。因此，在实际测量中，对热电偶测量值 T_m 必须要经过一定的修正（扣除 ΔT），才能得到试样的真实温度 T_s。

通过对某已知熔点的标准物质（常用高纯铟、KNO_3、Sn、Pb 等）进行 DSC 测试，将实测熔点与理论熔点进行比较，能够得到在该熔点温度下的温度偏差 ΔT。而由于 ΔT 是一个随温度而变化的值，在不同的温度下该偏差值 ΔT 并不相同。因此需要对多个不同熔点的标准物质分别进行熔点测试，得到大致涵盖仪器测量温度范围内的多个温度点下的 ΔT，再将一系列 ΔT 值在 $\Delta T/T$ 曲线图上绘点并作曲线拟合，就能得到一条 $\Delta T/T$ 校正曲线（见图 4-42）。以后在实际测量过程中对于任意的实测温度 T_m，在该校正曲线上找到相应的偏差值 ΔT 并作扣除，就能将其转换为样品的真实温度 T_s。

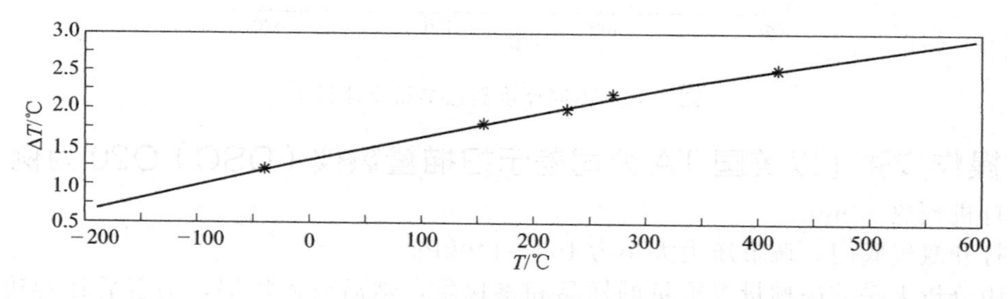

图 4-42　DSC 温度校正曲线

2. 灵敏度校正（量热校正）

在 DSC 测试过程中，当样品发生热效应时，仪器直接测量得到的是参比热电偶与样品热电偶之间的信号差，单位 μV，其对时间的积分再除以样品单位质量为 μV·s/mg。而实际物理意义上的热效应（热焓）单位为 J/g，相当于热流功率对时间的积分再除以样品质量。灵敏度校正的意义，是找到热电偶信号与热流功率之间的换算关系，即灵敏系数 μV/mW。

通过对某一已知熔点与熔融热焓的标准物质进行 DSC 测试，将熔融段的实测信号积分面积 μV·s/mg 除以熔融热焓 mW·s/mg，我们能够得到在该熔点温度下的灵敏度系数 μV/mW。而由于灵敏度系数是一个随温度而变化的值，在不同温度下该系数并不相同。因而需要对多个不同熔点的标准物质分别进行熔点测试，得到大致涵盖仪器测试温度下的多个温度点下的灵敏度系数，再将一系列系数值在灵敏度-T 曲线图上绘点并作曲线拟合，就能得到一条灵敏度校正曲线（见图 4-43）。以后在实际测量过程中对于任意温度下的原始信号 μV，在该曲线上得到相应的灵敏度系数 μV/mW，就能够将其换算为热流功率 mW，如果再进行积分面积计算并除以样品质量，就能够得到热焓值 J/g。

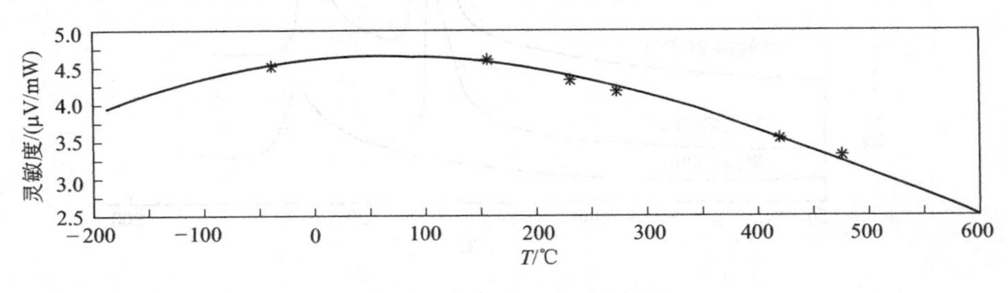

图 4-43　DSC 灵敏度校正曲线

（六）DSC 在高分子材料领域的应用

鉴于 DSC 能定量地量热、灵敏度高，应用领域很宽，涉及热效应的物理变化或化学变化过程均可采用 DSC 来进行测定。峰的位置、形状、峰的数目与物质的性质有关，故可用来定性地表征和鉴定物质，而峰的面积与反应热焓有关，故可以用来定量计算参与反应的物质的量或者测定热化学参数。

DSC 主要用来测定材料的玻璃化转变温度和次级转变峰、材料的熔融转变的研究、两相材料结构特征的研究、比热容的测定、聚合物的化学转变（氧化、交联、固化、分解等）、材料的剖析、材料的结晶转变的研究，包括等温结晶动力学（Avrami 方程）、等速降温结晶动力学（Jeziorny 法，Ozawa 法）、非等速降温结晶动力学（Kissinger 法，莫志深法）、结晶度的测定、材料的冷结晶（主要是 PET）等方面。

1. 玻璃化转变温度的测定

无定形高聚物或结晶高聚物无定形部分在升温达到它们的玻璃化转变温度时，被冻结的分子微布朗运动开始，因而热容变大，用 DSC 可测定出其热容随温度的变化而改变。如图 4-44 所示，这是一个 DSC 测定聚合物玻璃化转变温度的曲线，该图的横坐标代表测试温度 T（℃），纵坐标代表热容 $d\Delta Q/dt$。

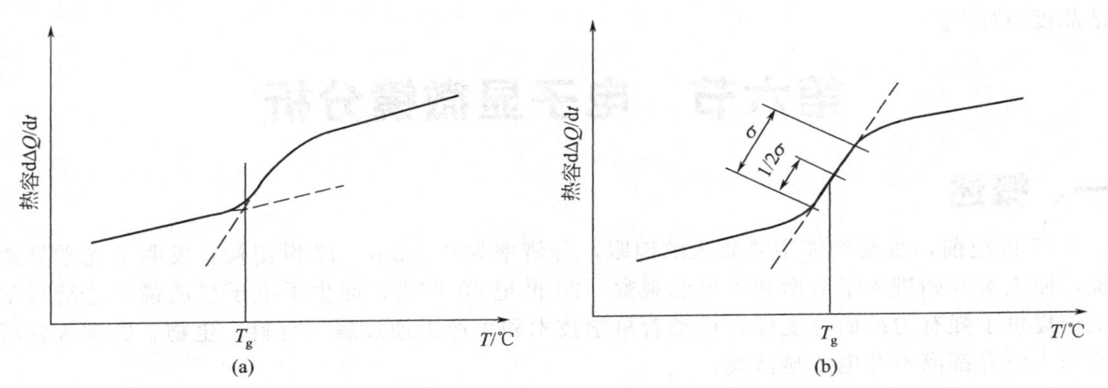

图 4-44　DSC 测定聚合物玻璃化转变温度

通过 DSC 曲线计算聚合物玻璃化转变温度有两种方法：①如图 4-44(a) 所示，取基线及曲线弯曲部的外延线的交点，该点所对应的温度为聚合物玻璃化转变温度。②如图 4-44(b) 所示取曲线的拐点，此时该点所对应的温度为聚合物玻璃化转变温度。

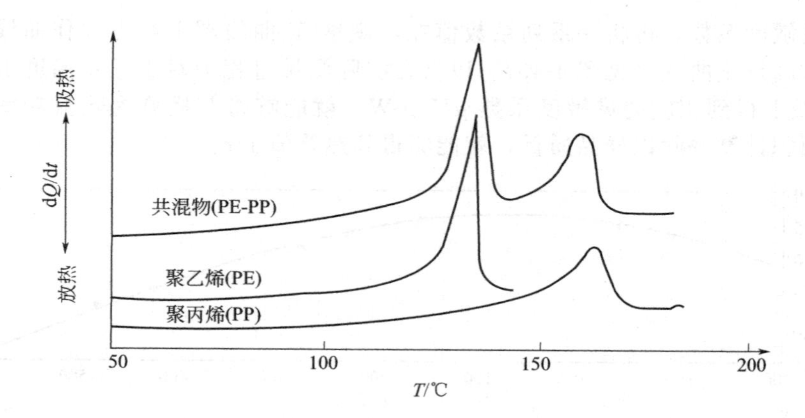

图 4-45 PE-PP 共混物的 DSC 曲线

2. 混合物和共聚物的成分检测

不同聚合物的热熔特性不一样，熔点和玻璃化转变温度也不一样，可以根据聚合物或者混合物在不同温度下的熔融特性对材料进行定性或者定量分析。

例如：脆性的聚丙烯往往与聚乙烯共混或共聚增加它的柔性。通过 DSC 曲线来分析 PE-PP 共混物中，PP 和 PE 所占的比例（图 4-45）。因为在聚丙烯和聚乙烯共混物中它们各自保持本身的熔融特性，因此该共混物中各组分的混合比例可分别根据它们的熔融峰面积计算。

3. 结晶度的测定

高分子材料的许多重要物理性能是与其结晶度密切相关的。所以百分结晶度成为高聚物的特征参数之一。由于结晶度与熔融热焓值成正比，因此可利用 DSC 测定高聚物的百分结晶度，先根据高聚物的 DSC 熔融峰面积计算熔融热焓 ΔH_f，再按下式求出百分结晶度。

$$结晶度=\frac{\Delta H_f}{\Delta H_f^*}\times 100\%$$

式中 ΔH_f^*——100%结晶度的熔融热焓。

关于 ΔH_f^* 的计算用一组已知结晶度的样品作出结晶度 ΔH_f 图，然后反推求出 100% 结晶度 ΔH_f^*。

第六节 电子显微镜分析

一、概述

17 世纪前，观察物体主要靠人的肉眼，分辨率为 0.2mm。17 世纪初，发明了光学显微镜，使人类开始进入了对微观世界的观察。20 世纪 40 年代，诞生了电子显微镜，这给科学工作提供了强有力的研究支撑，推动着科学技术和生产迅速发展。材料、生物、医学等领域的深入研究都离不开电子显微镜。

1924 年德布罗意（De Broglie）计算出电子波的波长。1926 年德国科学家布什（Busch）发现轴对称非均匀磁场能使电子波聚焦。于是 1932～1933 年间，第一台电镜在德国柏林诞生（德国的劳尔和鲁斯卡）。到 1934 年电镜的分辨率可达 50nm，1939 年德国西门子公司生产出分辨本领优于 10nm 的商品电子显微镜。1935 年德国诺尔（Knoll）提出扫描电镜的工作原理，1938 年阿登纳（Ardenne）制造了第一台扫描电镜，20 世纪 60 年代后，电镜开始向高电压、高分辨率发展，100～200kV的电镜逐渐普及。1960年，法国研制了第一台1MV的电镜，1970年又研制出3MV的电镜。20世纪70年代后，电镜的点分辨率达0.23nm，晶格（线）分辨率达0.1nm。同时扫描电镜有了较大的发展，普及程度逐渐超过了透射电镜。近一二十年，出现了联合透射、扫描，并带有分析附件的分析电镜。电镜控制的计算机化和制样设备的日趋完善，使电镜成为一种既观察图像又测结构，既有显微图像又有各种谱线分析的多功能综合性分析仪器。20世纪80年代后，又研制出了扫描隧道电镜和原子力显微镜等新型的显微镜。

电子显微分析是利用聚焦电子束与试样相互作用所产生的各种物理信号，分析试样物质的微区形貌、晶体结构和化学组成的分析方法，包括透射电子显微分析、扫描电子显微分析和电子探针X射线显微分析等。和传统的光学显微镜相比，电子显微镜的分辨率和放大倍数较光学显微镜更高。

二、显微镜的分辨率及其影响因素

显微镜的分辨率是指显微镜分辨相邻两个物点的能力，通常是用显微镜能分辨的两个物点的最小距离来表示。显微镜能分辨的两个物点的距离越小，说明显微镜的分辨率越高。显微镜的分辨率主要取决于物镜的分辨率。因为如果在物镜形成的像中两个物点未被分开，则无论用多大倍数的目镜或投影，也不可能把这两个物点分开。

1918年，德国理论光学家Abbe指出，作为光镜照明源的光波波长是限制光镜分辨率的基本因素。从理论上讲，光镜无论如何完善也无法看到比光波波长更小的物体。从而提出了阿贝（Abbe）公式——光学透镜分辨率的计算公式：

$$r=\frac{0.6\lambda}{n\sin\alpha}(\mathrm{nm})$$

式中 r——能够分辨的两个物点的最小距离；

λ——照明光源的波长，nm；

n——物镜与试样之间的介质的折射率；

α——为孔径半角，(°)。

习惯上将 $n\sin\alpha$ 称为数值孔径，并用N.A.表示。

孔径半角为透镜的直径对透镜主轴与物平面交点所张的角（见图4-46）。

由阿贝公式可知，显微镜的分辨率主要取决于三个因素：①照明光源的波长；②物镜与试样之间的介质的折射率；③物镜的孔径半角。照明光源的波长越短，介质折射率越大，物镜的孔径半角越大，则显微镜的分辨率越高。

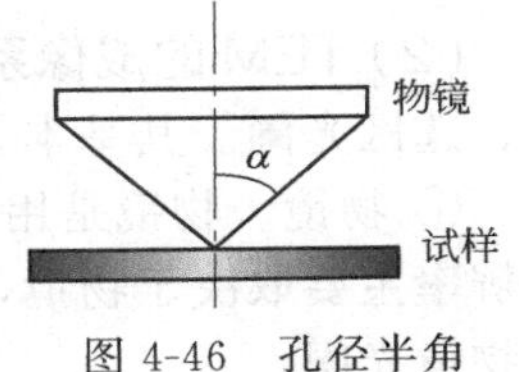

图4-46 孔径半角

光学显微镜采用可见光（一般是白光）作为光源，其波长在390～770nm，平均波长为580nm。目前可能得到的折射率最大的介质是溴萘，其折射率为1.66。光学透镜的最大孔径半角为72°。如果按可见光的平均波长计算，光学显微镜的分辨率为：

$$r=\frac{0.6\times580}{1.66\times\sin72°}=224.1\ (\mathrm{nm})$$

如按可见光的最短波长390nm计算，光学显微镜的极限分辨率为：

$$r=\frac{0.6\times390}{1.66\times\sin72°}=150.7\ (\mathrm{nm})$$

以上计算结果表明，光学显微镜在最佳条件下也只能分辨距离大于0.15μm的物点。如果两个物点的距离小于0.15μm，光学显微镜则无法分辨。因此，用光学显微镜无法进行超显微结构和微观结构研究。

根据阿贝公式，提高显微镜的分辨率的可能途径有：①提高介质折射率 n；②增大透镜的孔径半角 α；③采用波长较短的射线作光源。但是，介质折射率和透镜孔径半角都不可能有大的提高。因此要提高显微镜的分辨率唯一有效的途径是采用波长比可见光更短的射线作光源。例如，采用波长为 200nm 的紫外线作光源，分辨率可提高一倍左右，但还是不够。如果用 X 射线作光源，由于 X 射线的波长极短（10^{-3}～100nm），按阿贝公式计算，分辨率可以达到 10^{-3}nm。遗憾的是，用 X 射线作显微镜的光源，还有许多技术问题没能解决，至今还不知道有什么物质能使之有效地改变方向、折射和聚焦成像。电子束流也具有波动性，电子波的波长要比可见光的波长短得多。显然，如果用电子束作为照明源制成电子显微镜将具有更高的分辨本领。

三、透射电子显微镜（TEM）

透射电子显微分析是利用聚焦电子束与试样相互作用产生的透射电子对试样的显微形貌和显微结构进行分析的一种方法，是材料测试的一种重要手段。透射电子显微镜（Transmission Electron Microscope，TEM）是一种高分辨率、高放大倍数的显微镜，是观察和分析材料的形貌、组织和结构的有效工具。它用聚焦电子束作为照明源，使用对电子束透明的薄膜试样（几十到几百纳米），以透射电子为成像信号。

1. 测试原理

其基本原理是：电子枪产生的电子束经 1～2 级聚光镜会聚后均匀照射到试样上的某一待观察微小区域上，入射电子与试样物质相互作用，由于试样很薄，绝大多数电子穿透试样，其强度分布与所观察试样区的形貌、组织、结构一一对应。

2. 结构

透射电镜结构如图 4-47 所示，其由电子光学系统（照明系统、成像系统、观察及记录系统）、电源系统、真空系统、操作系统等几部分组成。其中光学系统是透射电镜的工作核心。

（1）TEM 的照明系统 TEM 的照明系统由电子枪、聚光镜以及相应的平移、倾转和对中等调节装置组成。其主要作用是提供一束亮度高、束斑小、照明孔径半角小、平行度好、束流稳定的照明源。

（2）TEM 的成像系统 TEM 的成像系统主要包括：物镜、中间镜、投影镜、物镜光阑、选区光阑。其基本工作原理如图 4-48 所示。

① 物镜。物镜是用来形成第一幅高分辨电子显微图像或电子衍射花样的透镜。电镜的分辨率主要取决于物镜，必须尽可能降低像差。为进一步减小物镜球差，在物镜后焦面上安放物镜光阑。

② 中间镜。中间镜将物镜所成的一次显微图像或衍射花样成像于投影镜的物平面上。其控制电镜总放大倍数。

③ 投影镜。投影镜将中间镜所成的显微图像或衍射花样成像于荧光屏。它是一个短焦距的强磁透镜且投影镜的激磁电流是固定的。

（3）观察和记录系统 观察和记录系统的方式不是唯一的，它可以是荧光屏、照相底片、视频摄像机、慢扫描照相机、成像板等。

3. 特点

TEM 广泛应用于生物学、医学、化学、物理学、地质学、金属、半导体材料、高分子材料、陶瓷、纳米材料等领域。透射电子显微镜在生物、医学中的应用极大地丰富了组织学

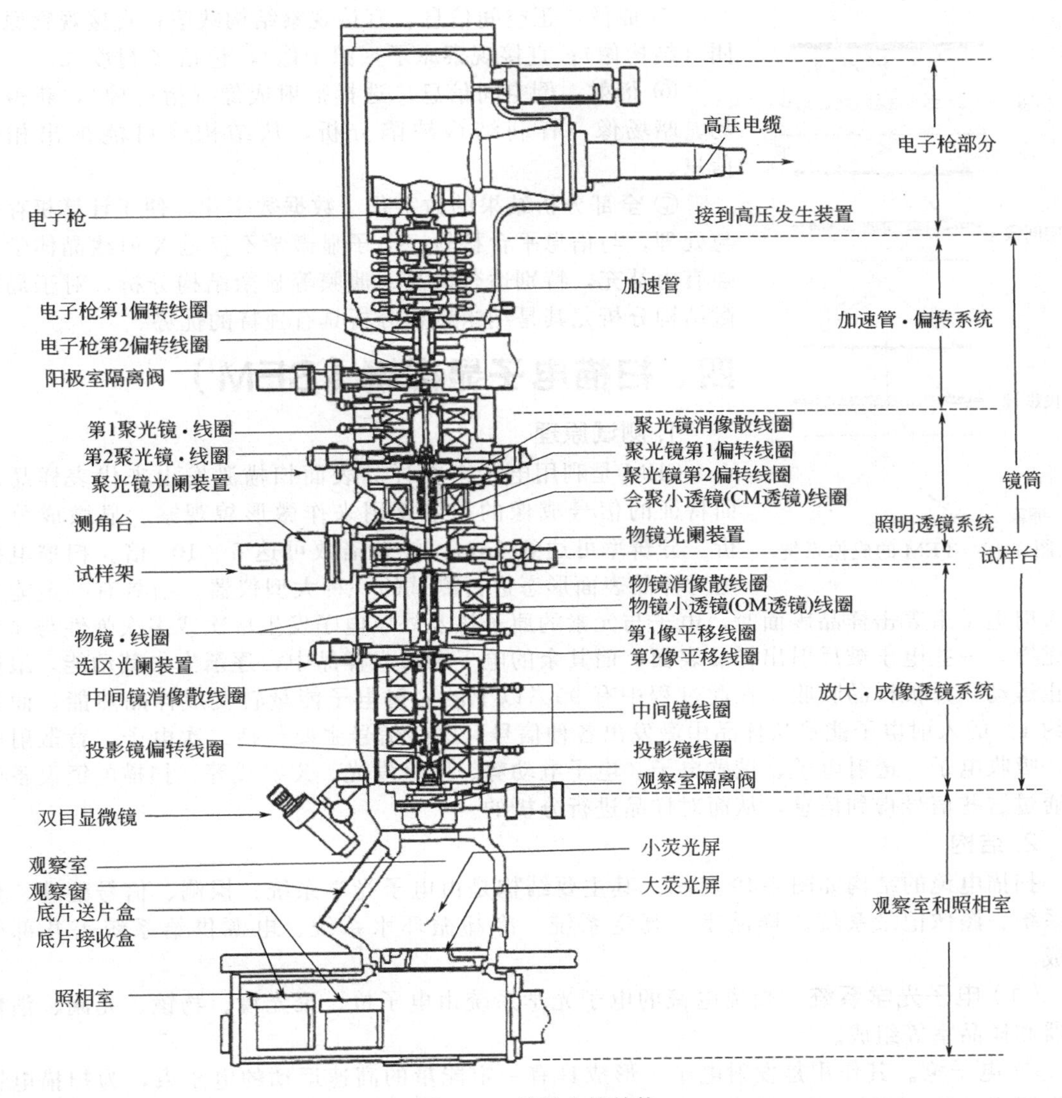

图 4-47 透射电镜结构

和细胞学的内容，观察到了许多过去用光学显微镜观察不到或观察不清的细胞微体结构。

TEM 在材料科学中可对材料进行形貌观察、物相分析、晶体结构观察、微区化学成分分析、元素分布等进行分析等。TEM 可用来分析各种金属材料、无机非金属材料、高分子材料、化学工程材料、纳米材料等的微观形貌、晶体结构。

TEM 和别的显微镜相比，具有以下特点：

① 散射能力强。和 X 射线相比，电子束的散射能力是前者的一万倍，因此可以在很微小区域获得足够的衍射强度，容易实现微、纳米区域的加工与成分研究。

② 原子对电子的散射能量远大于 X 射线的散射能力，即使是微小晶粒（纳米晶体）亦可给出足够强的衍射。

③ 分辨率高。其分辨率已经优于 0.2nm，可用来直接观察重金属原子像。

④ 束斑可聚焦。会聚束衍射（纳米束衍射），可获得三维衍射信息，有利于分析点群、空间群对称性。

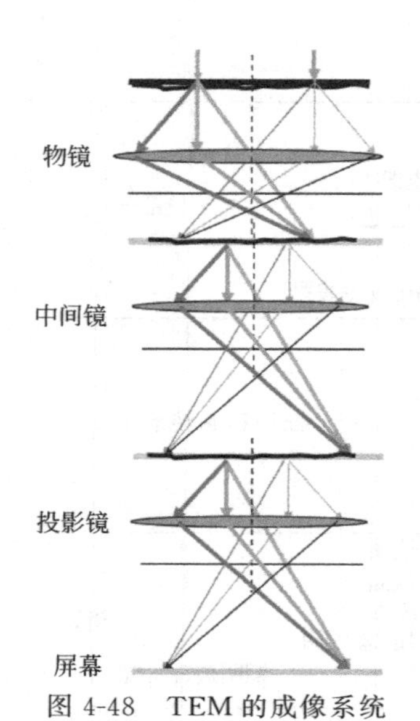

图 4-48 TEM 的成像系统

⑤ 成像：正空间信息。直接观察结构缺陷；直接观察原子团（结构像）；直接观察原子（原子像），包括 Z 衬度像。

⑥ 衍射：倒空间信息。选择衍射成像（衍衬像），获得明场、暗场像，有利结构缺陷分析，从结构像可能推出相位信息。

⑦ 全部分析结果的数字化。数据数字化，便于计算机存储与处理，与信息平台接轨。电子显微学不仅是 X 射线晶体学的强有力补充，特别适合微晶、薄膜等显微结构分析，对于局域微结构分析尤其是纳米结构分析具有独特的优势。

四、扫描电子显微镜（SEM）

1. 测试原理

SEM 是利用电子束在样品表面扫描激发出来代表样品表面特征的信号成像的。主要用来作微形貌观察、显微成分分析。分辨率可达到 1nm，放大倍数可达 5×10^5 倍。扫描电镜是对样品表面形态进行测试的一种大型仪器。当具有一定能量的入射电子束轰击样品表面时，电子与元素的原子核及外层电子发生单次或多次弹性与非弹性碰撞，一些电子被反射出样品表面，而其余的电子则渗入样品中，逐渐失去其动能，最后停止运动，并被样品吸收。在此过程中有 99%以上的入射电子能量转变成样品热能，而其余约 1%的入射电子能量从样品中激发出各种信号。这些信号主要包括二次电子、背散射电子、吸收电子、透射电子、俄歇电子、电子电动势、阴极发光、X 射线等。扫描电镜设备就是通过这些信号得到信息，从而对样品进行分析的。

2. 结构

扫描电镜的结构如图 4-49 所示。其主要结构是由电子光学系统、探测、信号处理、显示系统、图像记录系统、样品室、真空系统、冷却循环水系统、电源供给系统等几部分组成。

（1）电子光学系统 扫描电镜的电子光学系统由电子枪、聚光镜、物镜、光阑、消像散器和样品室等组成。

① 电子枪。其作用是发射电子，形成具有一定能量的高速运动的电子束，为扫描电镜提供照明光源。SEM 通常使用发叉式钨丝热阴极三极式电子枪。除了发叉式钨丝热阴极三极式电子枪外，20 世纪 60 年代末相继发展了六硼化镧阴极电子枪和场发射电子枪。其具有电子源直径小、亮度高、能量分散小和使用寿命长等优点。目前它们已应用于一些高分辨率的透射电镜、扫描电镜和分析电镜中。

② 聚光镜和物镜。SEM 透镜系统由三个电磁透镜组成：第一聚光镜、第二聚光镜和试样上方的物镜。

靠近电子枪的叫聚光镜或会聚透镜，其作用是使电子束会聚，并调节电子束的强度以改变图像的亮度和反差。靠近试样的电磁透镜叫做物镜，其作用是调节电子束斑的直径，使电子聚焦在试样上。

③ 光阑。有聚光镜光阑和物镜光阑，一般是用钼或铂制成的薄片。聚光镜光阑的作用是挡掉从电子枪发射出来的散射角度较大的电子和其他杂散电子。物镜光阑的作用是调节物镜的孔径角、减小物镜的球差、提高分辨率和景深。

④ 消像散器。电磁透镜和光栏的加工精度不高，安装调整质量欠佳，以及电子通路的污染等原因都会使电磁透镜的轴对称磁场损坏，从而产生像散。像散的结果是使圆形电子束

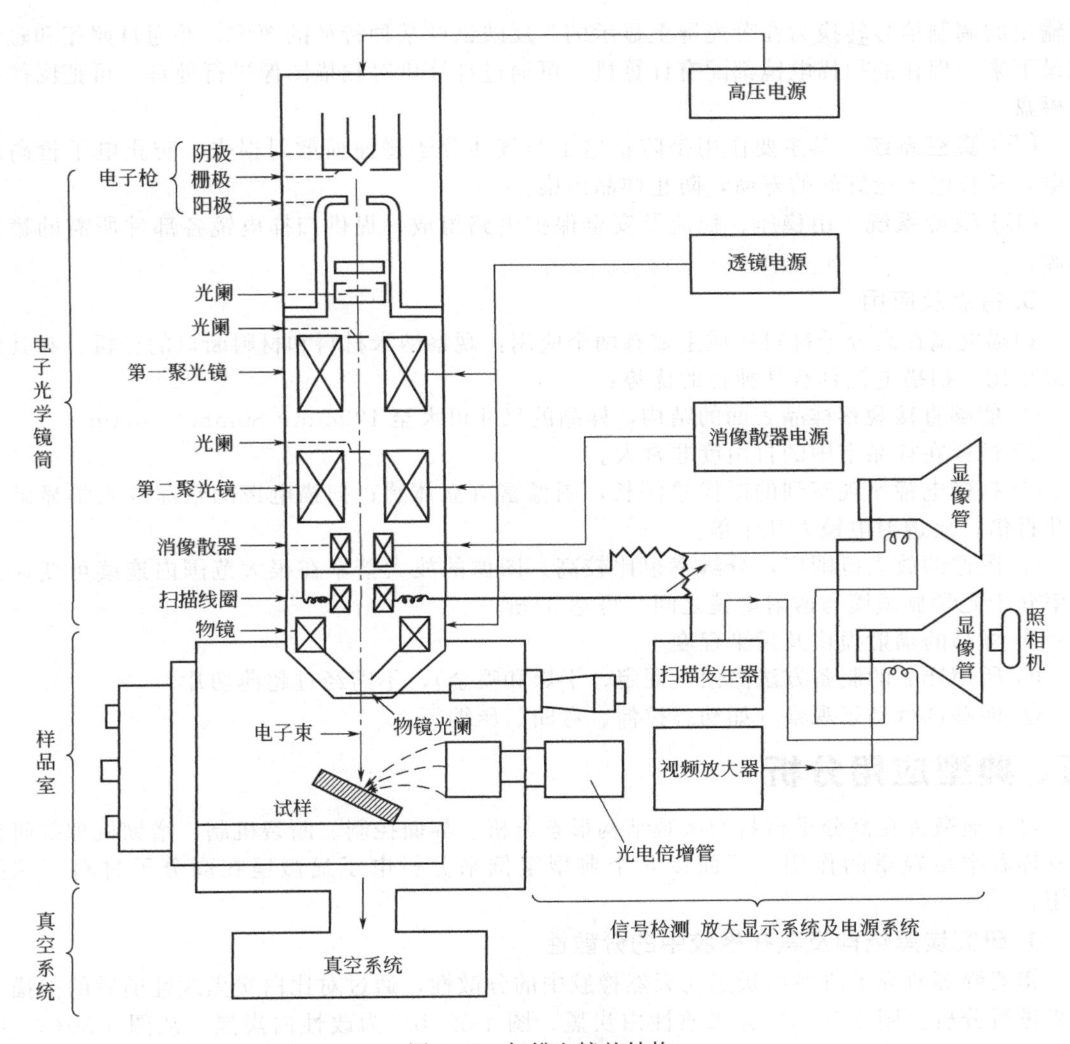

图 4-49 扫描电镜的结构

斑变形，从而影响图像的质量，降低电镜的分辨率。消像散器的作用就是恢复磁场的轴对性，以消除像散。

⑤ 样品室。安放试样的地方，通过一定的机构，可使试样在垂直电子束的平面内作纵横移动，以选取适当的视场；还能使试样倾斜和旋转，以便选取适当的观察方向。样品室内还可装配加热、冷却、拉伸装置，以便观察试样在不同条件下的变化。

（2）扫描系统 扫描系统由扫描信号发生器、扫描放大控制器和扫描偏转线圈等组成。其主要作用是使电子枪发出的电子束在试样表面扫描，使显示器内的阴极射线管产生的电子束在荧光屏上作同步扫描；通过改变电子束在试样表面扫描区域的大小，获得不同放大倍数的扫描像。

（3）信号探测放大系统 检测试样在入射电子作用下产生的物理信号，经视频放大后提供给显像系统作调制信号。不同类型的物理信号要用不同的探测系统。扫描电镜最常用的是电子探测器，如二次电子探测器、背散射电子探测器等。除此之外，还有 X 射线探测器以及阴极荧光检测器等。

（4）图像显示和记录系统 该系统包括显示器、照相机等。作用：把信号探测放大系统输出的调制信号转换为在荧光屏上显示的、反映试样某种特征的图像，并通过照相和磁盘记录下来。现在的扫描电镜都配有计算机，可通过计算机对扫描图像进行处理，可把图像存入磁盘。

(5) 真空系统 其主要作用是防止电子与气体分子碰撞而散射损失，防止电子枪高压放电，延长电子枪灯丝的寿命，防止样品污染。

(6) 电源系统 由稳压、稳流及安全保护电路组成，提供扫描电镜各部件所需的稳定电源。

3. 特点及应用

扫描电镜在高分子材料领域主要有两个应用：观察纳米材料和材料断口的分析。和其他电镜相比，扫描电镜具有其独特的优势：

① 能够直接观察样品表面的结构，样品的尺寸可大至120mm×80mm×50mm。

② 试样在样品室中的自由度非常大。

③ 扫描电镜所观察到的图像景深长，图像富有立体感；扫描电镜的景深较光学显微镜大几百倍，比透射电镜大几十倍。

④ 图像的放大范围广，分辨率也比较高。图像的放大倍率在很大范围内连续可变，分辨率介于光学显微镜与透射电镜之间，可达3nm。

⑤ 样品的辐射损伤及污染程度小。

⑥ 所用样品的制备方法简便（固定、干燥和喷金），不需经过超薄切片。

⑦ 能够进行动态观察（如动态拉伸、弯曲、压缩等）。

五、典型应用分析

电子显微镜在高分子材料的微观结构形态分析、界面控制、断裂机制、增韧机理等研究中发挥着举足轻重的作用。下面以几个典型案例来分析电子显微镜在高分子材料领域的应用。

1. 研究炭黑结构及其在橡胶中的分散性

崔凌峰等研究了改性白炭黑在天然橡胶中的分散性，通过对比白炭黑改性前后的扫描电镜来进行分析。图4-50(a) 为未改性白炭黑，图4-50(b) 为改性白炭黑。从图4-50(a) 中可看出，未改性白炭黑呈现较大的颗粒，团聚现象严重。图4-50(b) 与图4-50(a) 相比可知改性后的白炭黑聚集体的颗粒较小，分散性得到改善。

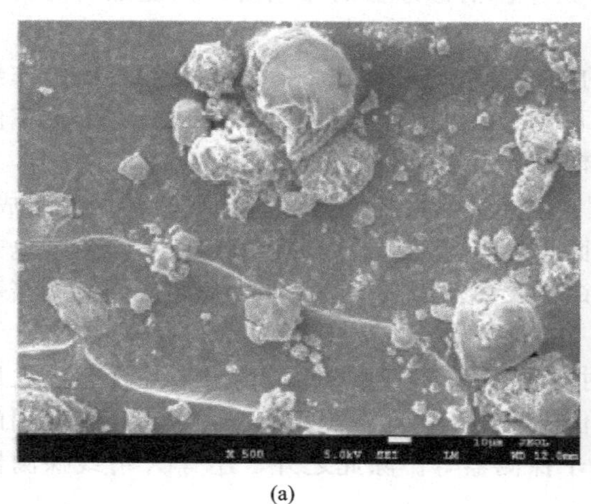

(a)

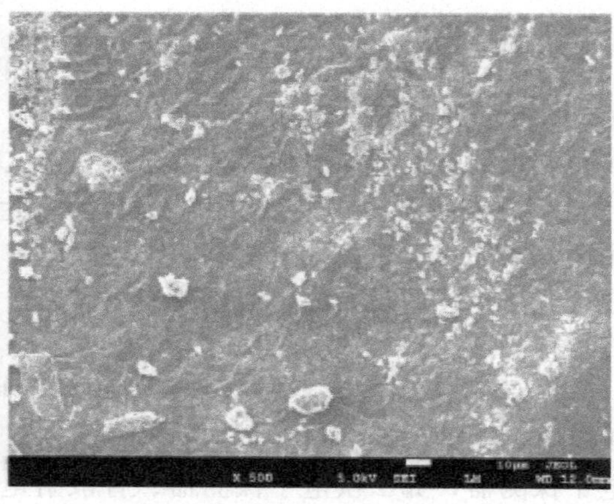

(b)

图4-50 白炭黑改性前后SEM电镜

2. 研究发泡材料的孔径大小及分散

盛沈俊等采用固态无溶剂气体发泡法制备了 103～8μm 不同孔径的左旋聚乳酸（PLLA）发泡材料，利用扫描电子显微镜技术研究了不同孔径的聚乳酸发泡材料的泡孔形貌。图 4-51 中（a）和（c）分别是在饱和压力为 4MPa 和 5MPa 时制得的 PLLA 发泡材料的表面微观形貌；（b）和（d）分别是其截面表观形貌。图 4-51 显示 4MPa 下制得的 PLLA 的泡孔孔径大于 5MPa 下制得的。图中破裂的泡孔是由于泡孔快速生长过程中，泡孔内部压力增大，泡核膨胀，气体的剪切力作用所致，而泡孔的破裂或塌陷可能会导致相邻泡孔发生合并，从而使得到的平均泡孔孔径变大。

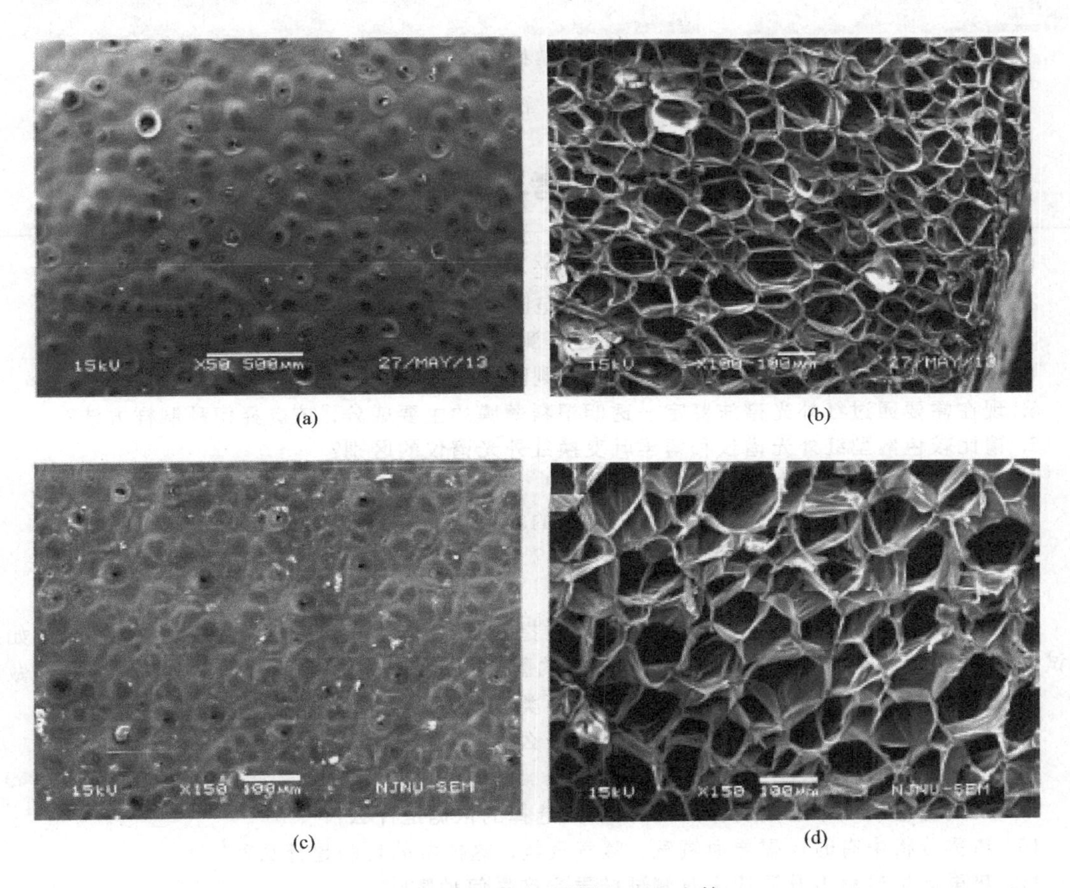

图 4-51　PLLA 发泡材料 SEM 电镜

3. 研究碳纤维复合材料结构和性能的关系

陈宇等研究了利用溶液涂覆成膜工艺在涂膜机上制得功能化石墨烯纳米带/纳米碳纤维/热塑性聚氨酯复合材料薄膜。通过透射电镜分析材料微观结构和性能之间的关系。图 4-52(a) 是石墨烯纳米带的电镜图，图 4-52(b) 是纳米碳纤维的电镜图，可以明显地看出纳米碳纤维杂乱纵横交错地缠绕在一起，分散性很差，若单独地加入到基体中，很容易发生团聚，分散不均匀。图 4-52(c) 是石墨烯纳米带/纳米碳纤维电镜图，从图中可知，石墨烯通过碳纤维链接，两者之间通过氢键、化学键等相互作用力使得这种结合形态更加牢固，而且碳纤维还起着支撑骨架的作用，防止了纳米带与纳米带之间的相对滑移和团聚。

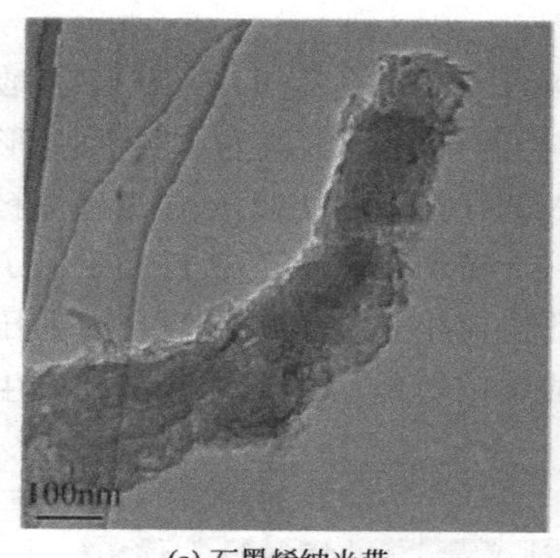

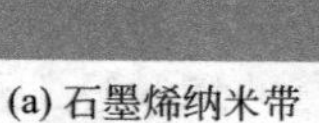
(a) 石墨烯纳米带

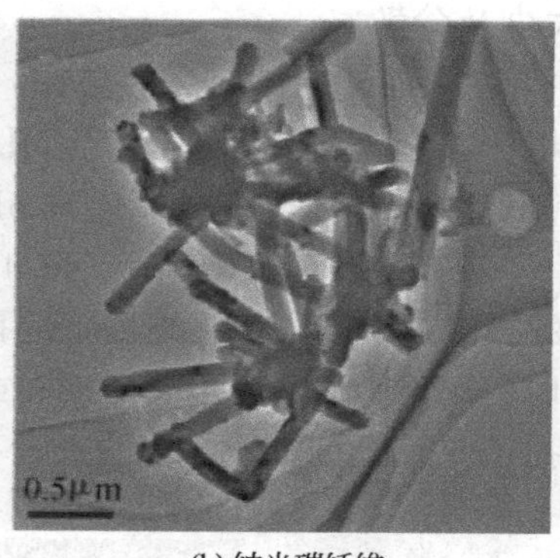

(b) 纳米碳纤维

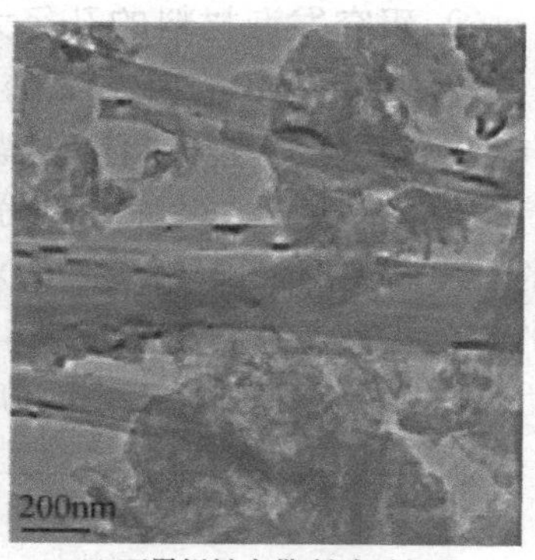

(c) 石墨烯纳米带/纳米碳纤维

图 4-52　石墨烯纳米带、纳米碳纤维、石墨烯纳米带/纳米碳纤维 TEM 电镜图

思考与练习

1. 请从波长和能量角度比较红外光、紫外光和可见光。
2. 请说出近红外、中红外、远红外的波长范围，它们分别适用于鉴定何种物质?
3. 红外光谱测试的缩写是什么? 请简述其测试原理。
4. 用红外光谱图分析聚合物结构时，如何判断聚合物含有的官能团种类?
5. 现在需要通过红外光谱法鉴定一透明塑料薄膜的主要成分，该选择何种制样方法?
6. 请比较色散型红外光谱仪和傅里叶变换红外光谱仪的区别?
7. 红外光谱测试时，为什么要先扫描背景?
8. 红外光谱测试之前为什么要去除试样中的水分?
9. 什么是吸光度? 吸光度和哪些因素有关?
10. 吸光系数和哪些因素有关?
11. 可见分光光度法中什么时候需要用显色指示剂? 显色指示剂根据哪些因素选择? 如果测试过程中共存离子本身有色或与显色剂形成的配合物有色干扰了待测组分的测定，该如何做?
12. 分光光度计按使用波长范围可分为哪两类。 这两类分光光度剂分别用于哪些领域?
13. 凝胶色谱测试法的缩写和测试原理是什么?
14. 什么是排阻极限? 什么是渗透极限?
15. 凝胶色谱测试中溶剂的作用是什么? 选择的依据是什么?
16. 热重分析中有时候需要通氮气、氧气气氛，这样做的目的是什么?
17. 热重分析过程中升温速率对测试结果会产生何种影响?
18. 如何通过热重分析法判断材料在升温过程中是吸热还是放热?
19. 请从原理角度比较差热分析法和差示扫描量法的差别。
20. 试样的用量会对 DTA 结果产生什么影响?
21. DSC 测试中为什么要进行温度和量热校正?
22. 和光学显微镜相比，电子显微镜的优势有哪些?
23. 如何提高显微镜的分辨率?
24. 除了书中的案例，请举例说明电子显微镜在高分子材料领域还有哪些应用?

附　录

附录 1　常见高分子材料英文缩写及中文全称

英文缩写	中文名称(俗称)	英文缩写	中文名称(俗称)
ABS	丙烯腈/丁二烯/苯乙烯共聚物	HNBR	氢化丁腈橡胶
AS	丙烯腈-苯乙烯共聚物	IPS	耐冲击聚苯乙烯
ASA	丙烯腈/苯乙烯/丙烯酸酯共聚物	IIR	丁基橡胶
BR	顺丁橡胶	IR	异戊橡胶
CA	醋酸纤维	LCP	液晶聚合物
CF	甲酚-甲醛树脂	LDPE	低密度聚乙烯
CN	硝酸纤维素	LLDPE	线型低密聚乙烯
CPE	氯化聚乙烯	MBS	甲基丙烯酸-丁二烯-苯乙烯共聚物
CPP	氯化聚丙烯	MC	甲基纤维素
CPVC	氯化聚氯乙烯	MDPE	中密度聚乙烯
CR	氯丁橡胶	MF	密胺-甲醛树脂
CS	酪蛋白塑料	MPF	密胺-酚醛树脂
CTA	三乙酸纤维素	NBR	丁腈橡胶
EC	乙基纤维素	NR	天然橡胶
EP	环氧树脂	PA	聚酰胺(尼龙)
EPDM	三元乙丙橡胶	PAA	聚丙烯酸
EPM	乙丙橡胶	PADC	碳酸-二乙二醇酯・烯丙醇酯树脂
EPS	发泡聚苯乙烯	PAE	聚芳醚
EVA	乙烯-乙酸乙烯共聚物	PAEK	聚芳醚酮
FPM	氟橡胶	PAI	聚酰胺-酰亚胺
GPS	通用聚苯乙烯	PAN	聚丙烯腈
HDPE	高密度聚乙烯	PARA	聚芳酰胺
HIPS	高抗冲聚苯乙烯	PASU	聚芳砜

续表

英文缩写	中文名称(俗称)	英文缩写	中文名称(俗称)
PAT	聚芳酯	PUR	聚氨酯
PB	聚丁烯	PVAC	聚乙酸乙烯
PBA	聚丙烯酸丁酯	PVA	聚乙烯醇
PBT	聚对苯二酸丁二酯	PVB	聚乙烯醇缩丁醛
PC	聚碳酸酯	PVC	聚氯乙烯
PDAP	聚对苯二甲酸二烯丙酯	PVCA	聚氯乙烯乙酸乙烯酯
PE	聚乙烯	PVDC	聚(偏二氯乙烯)
PEI	聚醚酰亚胺	PVDF	聚(偏二氟乙烯)
PEK	聚醚酮	PVF	聚氟乙烯
PEO	聚环氧乙烷	PVFM	聚乙烯醇缩甲醛
PES	聚醚砜	PVK	聚乙烯咔唑
PET	聚对苯二甲酸乙二醇酯	PVP	聚乙烯吡咯烷酮
PETG	二醇类改性 PET	Q	硅橡胶
PEUR	聚醚型聚氨酯	SAN	苯乙烯-丙烯腈共聚物
PF	酚醛树脂	SB	苯乙烯-丁二烯共聚物
PI	聚酰亚胺	SBR	丁苯橡胶
PIB	聚异丁烯	SBS	苯乙烯-丁二烯嵌段共聚物
PISU	聚酰亚胺砜	SI	聚硅氧烷
PLA	聚乳酸	SMC	片状模塑料
PLLA	左旋聚乳酸	SP	饱和聚酯塑料
PMMA	聚甲基丙烯酸甲酯	SRP	苯乙烯橡胶改性塑料
PMS	聚 α-甲基苯乙烯	TEEE	醚酯型热塑弹性体
POM	聚甲醛	TEO	聚烯烃热塑弹性体
PP	聚丙烯	TES	苯乙烯热塑性弹性体
PPA	聚邻苯二甲酰胺	TPE	热塑性弹性体
PPE	聚苯醚	TPS	韧性聚苯乙烯
PPO	聚苯醚	TPU	热塑性聚氨酯
PPOX	聚环氧(丙)烷	TPX	聚-4-甲基-1-戊烯
PPS	聚苯硫醚	TSU	热固性聚氨酯
PPSU	聚苯砜	UF	脲甲醛树脂
PS	聚苯乙烯	UHMWPE	超高分子量聚乙烯
PSU	聚砜	UP	不饱和聚酯
PTFE	聚四氟乙烯		

附录2 标准溶液的补偿系数

温度/℃	水和0.05mol/L以下的各种水溶液	0.1mol/L和0.2mol/L各种水溶液	盐酸溶液 $c(HCl)$=0.5mol/L	盐酸溶液 $c(HCl)$=1mol/L	硫酸溶液 $c(\frac{1}{2}H_2SO_4)$=0.5mol/L 氢氧化钠溶液 $c(NaOH)$=0.5mol/L	硫酸溶液 $c(\frac{1}{2}H_2SO_4)$=1mol/L 氢氧化钠溶液 $c(NaOH)$=1mol/L
5	+1.38	+1.7	+1.9	+2.3	+2.4	+3.6
6	+1.38	+1.7	+1.9	+2.2	+2.3	+3.4
7	+1.36	+1.6	+1.8	+2.2	+2.2	+3.2
8	+1.33	+1.6	+1.8	+2.1	+2.2	+3.0
9	+1.29	+1.5	+1.7	+2.0	+2.1	+2.7
10	+1.23	+1.5	+1.6	+1.9	+2.0	+2.5
11	+1.17	+1.4	+1.5	+1.8	+1.8	+2.3
12	+1.10	+1.3	+1.4	+1.6	+1.7	+2.0
13	+0.99	+1.1	+1.2	+1.4	+1.5	+1.8
14	+0.88	+1.0	+1.1	+1.2	+1.3	+1.6
15	+0.77	+0.9	+0.9	+1.0	+1.1	+1.3
16	+0.64	+0.7	+0.8	+0.8	+0.9	+1.1
17	+0.50	+0.6	+0.6	+0.6	+0.7	+0.8
18	+0.34	+0.4	+0.4	+0.4	+0.5	+0.6
19	+0.18	+0.2	+0.2	+0.2	+0.2	+0.3
20	0.00	0.00	0.00	0.0	0.00	0.00
21	−0.18	−0.2	−0.2	−0.2	−0.2	−0.3
22	−0.38	−0.4	−0.4	−0.5	−0.5	−0.6
23	−0.58	−0.6	−0.7	−0.7	−0.8	−0.9
24	−0.80	−0.9	−0.9	−1.0	−1.0	−1.2
25	−1.03	−1.1	−1.1	−1.2	−1.3	−1.5
26	−1.26	−1.4	−1.4	−1.4	−1.5	−1.8
27	−1.51	−1.7	−1.7	1.7	−1.8	−2.1
28	−1.76	−2.0	−2.0	−2.0	−2.1	−2.4
29	−2.01	−2.3	−2.3	−2.3	−2.4	−2.8
30	−2.30	−2.5	−2.5	−2.6	−2.8	−3.2
31	−2.58	−2.7	−2.7	−2.9	−3.1	−3.5
32	−2.86	−3.0	−3.0	−3.2	−3.4	−3.9
33	−3.04	−3.2	−3.3	−3.5	−3.7	−4.2
34	−3.47	−3.7	−3.6	−3.8	−4.1	−4.6
35	−3.78	−4.0	−4.0	−4.1	−4.4	−5.0
36	−4.10	−4.3	−4.3	−4.4	−4.7	−5.3

注：1. 本表数值是以20℃为标准温度以实测法测出。

2. 表中带有+”“−”号的数值是以20℃为分界。室温低于20℃的补正值均为“+”，高于20℃的补正值均为“−”。

3. 本表的用法：如1L硫酸溶液［$c(\frac{1}{2}H_2SO_4)$=1mol/L］由25℃换算为20℃时，其体积修正值为−1.5mL，故40.00mL换算为20℃时的体积为V=40.00−1.5/1000×40.00=39.94（mL）。

附录 3 酸碱解离常数

A. 无机酸在水溶液中的解离常数（25℃）

序号	名称	化学式	K_a	pK_a
1	偏铝酸	$HAlO_2$	6.3×10^{-13}	12.20
2	亚砷酸	H_3AsO_3	6.0×10^{-10}	9.22
3	砷　酸	H_3AsO_4	$6.3\times10^{-3}(K_1)$	2.20
			$1.05\times10^{-7}(K_2)$	6.98
			$3.2\times10^{-12}(K_3)$	11.50
4	硼　酸	H_3BO_3	$5.8\times10^{-10}(K_1)$	9.24
			$1.8\times10^{-13}(K_2)$	12.74
			$1.6\times10^{-14}(K_3)$	13.80
5	次溴酸	$HBrO$	2.4×10^{-9}	8.62
6	氢氰酸	HCN	6.2×10^{-10}	9.21
7	碳　酸	H_2CO_3	$4.2\times10^{-7}(K_1)$	6.38
			$5.6\times10^{-11}(K_2)$	10.25
8	次氯酸	$HClO$	3.2×10^{-8}	7.50
9	氢氟酸	HF	6.61×10^{-4}	3.18
10	锗　酸	H_2GeO_3	$1.7\times10^{-9}(K_1)$	8.78
			$1.9\times10^{-13}(K_2)$	12.72
11	高碘酸	HIO_4	2.8×10^{-2}	1.56
12	亚硝酸	HNO_2	5.1×10^{-4}	3.29
13	次磷酸	H_3PO_2	5.9×10^{-2}	1.23
14	亚磷酸	H_3PO_3	$5.0\times10^{-2}(K_1)$	1.30
			$2.5\times10^{-7}(K_2)$	6.60
15	磷　酸	H_3PO_4	$7.52\times10^{-3}(K_1)$	2.12
			$6.31\times10^{-8}(K_2)$	7.20
			$4.4\times10^{-13}(K_3)$	12.36
16	焦磷酸	$H_4P_2O_7$	$3.0\times10^{-2}(K_1)$	1.52
			$4.4\times10^{-3}(K_2)$	2.36
			$2.5\times10^{-7}(K_3)$	6.60
			$5.6\times10^{-10}(K_4)$	9.25
17	氢硫酸	H_2S	$1.3\times10^{-7}(K_1)$	6.88
			$7.1\times10^{-15}(K_2)$	14.15
18	亚硫酸	H_2SO_3	$1.23\times10^{-2}(K_1)$	1.91
			$6.6\times10^{-8}(K_2)$	7.18
19	硫　酸	H_2SO_4	$1.0\times10^{3}(K_1)$	−3.0
			$1.02\times10^{-2}(K_2)$	1.99

续表

序号	名称	化学式	K_a	pK_a
20	硫代硫酸	$H_2S_2O_3$	$2.52\times10^{-1}(K_1)$	0.60
			$1.9\times10^{-2}(K_2)$	1.72
21	氢硒酸	H_2Se	$1.3\times10^{-4}(K_1)$	3.89
			$2.5\times10^{-7}(K_2)$	6.60
22	亚硒酸	H_2SeO_3	$2.7\times10^{-3}(K_1)$	2.57
			$2.5\times10^{-7}(K_2)$	6.60
23	硒　酸	H_2SeO_4	$1\times10^{3}(K_1)$	−3.0
			$1.2\times10^{-2}(K_2)$	1.92
24	硅　酸	H_2SiO_3	$1.7\times10^{-10}(K_1)$	9.77
			$1.6\times10^{-12}(K_2)$	11.80
25	亚碲酸	H_2TeO_3	$2.7\times10^{-3}(K_1)$	2.57
			$1.8\times10^{-8}(K_2)$	7.74

B. 无机碱在水溶液中的解离常数（25℃）

序号	名称	化学式	K_b	pK_b
1	氢氧化铝	$Al(OH)_3$	$1.38\times10^{-9}(K_3)$	8.86
2	氢氧化银	$AgOH$	1.10×10^{-4}	3.96
3	氢氧化钙	$Ca(OH)_2$	3.72×10^{-3}	2.43
			3.98×10^{-2}	1.40
4	氨　水	NH_3+H_2O	1.78×10^{-5}	4.75
5	肼(联氨)	$N_2H_4+H_2O$	$9.55\times10^{-7}(K_1)$	6.02
			$1.26\times10^{-15}(K_2)$	14.9
6	羟　氨	NH_2OH+H_2O	9.12×10^{-9}	8.04
7	氢氧化铅	$Pb(OH)_2$	$9.55\times10^{-4}(K_1)$	3.02
			$3.0\times10^{-8}(K_2)$	7.52
8	氢氧化锌	$Zn(OH)_2$	9.55×10^{-4}	3.02

C. 有机碱在水溶液中的解离常数（25℃）

序号	名称	化学式	K_b	pK_b
1	甲胺	CH_3NH_2	4.17×10^{-4}	3.38
2	尿素(脲)	$CO(NH_2)_2$	1.5×10^{-14}	13.82
3	乙胺	$CH_3CH_2NH_2$	4.27×10^{-4}	3.37
4	乙醇胺	$H_2N(CH_2)_2OH$	3.16×10^{-5}	4.50
5	乙二胺	$H_2N(CH_2)_2NH_2$	$8.51\times10^{-5}(K_1)$	4.07
			$7.08\times10^{-8}(K_2)$	7.15
6	二甲胺	$(CH_3)_2NH$	5.89×10^{-4}	3.23
7	三甲胺	$(CH_3)_3N$	6.31×10^{-5}	4.20
8	三乙胺	$(C_2H_5)_3N$	5.25×10^{-4}	3.28

续表

序号	名称	化学式	K_b	pK_b
9	丙胺	$C_3H_7NH_2$	3.70×10^{-4}	3.432
10	异丙胺	$i\text{-}C_3H_7NH_2$	4.37×10^{-4}	3.36
11	1,3-丙二胺	$NH_2(CH_2)_3NH_2$	$2.95\times10^{-4}(K_1)$	3.53
			$3.09\times10^{-6}(K_2)$	5.51
12	1,2-丙二胺	$CH_3CH(NH_2)CH_2NH_2$	$5.25\times10^{-5}(K_1)$	4.28
			$4.05\times10^{-8}(K_2)$	7.393
13	三丙胺	$(CH_3CH_2CH_2)_3N$	4.57×10^{-4}	3.34
14	三乙醇胺	$(HOCH_2CH_2)_3N$	5.75×10^{-7}	6.24
15	丁胺	$C_4H_9NH_2$	4.37×10^{-4}	3.36
16	异丁胺	$C_4H_9NH_2$	2.57×10^{-4}	3.59
17	叔丁胺	$C_4H_9NH_2$	4.84×10^{-4}	3.315
18	己胺	$H(CH_2)_6NH_2$	4.37×10^{-4}	3.36
19	辛胺	$H(CH_2)_8NH_2$	4.47×10^{-4}	3.35
20	苯胺	$C_6H_5NH_2$	3.98×10^{-10}	9.40
21	苄胺	C_7H_9N	2.24×10^{-5}	4.65
22	环己胺	$C_6H_{11}NH_2$	4.37×10^{-4}	3.36
23	吡啶	C_5H_5N	1.48×10^{-9}	8.83
24	六亚甲基四胺	$(CH_2)_6N_4$	1.35×10^{-9}	8.87
25	2-氯酚	C_6H_5ClO	3.55×10^{-6}	5.45
26	3-氯酚	C_6H_5ClO	1.26×10^{-5}	4.90
27	4-氯酚	C_6H_5ClO	2.69×10^{-5}	4.57
28	邻氨基苯酚	$(o)H_2NC_6H_4OH$	5.2×10^{-5}	4.28
29	间氨基苯酚	$(m)H_2NC_6H_4OH$	7.4×10^{-5}	4.13
			6.8×10^{-5}	4.17
30	对氨基苯酚	$(p)H_2NC_6H_4OH$	2.0×10^{-4}	3.70
			3.2×10^{-6}	5.50
31	邻甲苯胺	$(o)CH_3C_6H_4NH_2$	2.82×10^{-10}	9.55
32	间甲苯胺	$(m)CH_3C_6H_4NH_2$	5.13×10^{-10}	9.29
33	对甲苯胺	$(p)CH_3C_6H_4NH_2$	1.20×10^{-9}	8.92
34	8-羟基喹啉(20℃)	$8\text{-}HO—C_9H_6N$	6.5×10^{-5}	4.19
35	二苯胺	$(C_6H_5)_2NH$	7.94×10^{-14}	13.1
36	联苯胺	$H_2NC_6H_4C_6H_4NH_2$	$5.01\times10^{-10}(K_1)$	9.30
			$4.27\times10^{-11}(K_2)$	10.37

D. 有机酸在水溶液中的解离常数（25℃）

序号	名称	化学式	K_a	pK_a
1	甲　酸	HCOOH	1.8×10^{-4}	3.75

续表

序号	名称	化学式	K_a	pK_a
2	乙　酸	CH_3COOH	1.74×10^{-5}	4.76
3	乙醇酸	$CH_2(OH)COOH$	1.48×10^{-4}	3.83
4	草　酸	$(COOH)_2$	$5.4\times10^{-2}(K_1)$	1.27
			$5.4\times10^{-5}(K_2)$	4.27
5	甘氨酸	$CH_2(NH_2)COOH$	1.7×10^{-10}	9.78
6	一氯乙酸	$CH_2ClCOOH$	1.4×10^{-3}	2.86
7	二氯乙酸	$CHCl_2COOH$	5.0×10^{-2}	1.30
8	三氯乙酸	CCl_3COOH	2.0×10^{-1}	0.70
9	丙　酸	CH_3CH_2COOH	1.35×10^{-5}	4.87
10	丙烯酸	$CH_2=CHCOOH$	5.5×10^{-5}	4.26
11	乳酸(丙醇酸)	$CH_3CHOHCOOH$	1.4×10^{-4}	3.86
12	丙二酸	$HOCOCH_2COOH$	$1.4\times10^{-3}(K_1)$	2.85
			$2.2\times10^{-6}(K_2)$	5.66
13	2-丙炔酸	$HC\equiv CCOOH$	1.29×10^{-2}	1.89
14	甘油酸	$HOCH_2CHOHCOOH$	2.29×10^{-4}	3.64
15	丙酮酸	$CH_3COCOOH$	3.2×10^{-3}	2.49
16	α-丙氨酸	CH_3CHNH_2COOH	1.35×10^{-10}	9.87
17	β-丙氨酸	$CH_2NH_2CH_2COOH$	4.4×10^{-11}	10.36
18	正丁酸	$CH_3(CH_2)_2COOH$	1.52×10^{-5}	4.82
19	异丁酸	$(CH_3)_2CHCOOH$	1.41×10^{-5}	4.85
20	3-丁烯酸	$CH_2=CHCH_2COOH$	2.1×10^{-5}	4.68
21	异丁烯酸	$CH_2=C(CH_2)COOH$	2.2×10^{-5}	4.66
22	反丁烯二酸(富马酸)	$HOCOCH=CHCOOH$	$9.3\times10^{-4}(K_1)$	3.03
			$3.6\times10^{-5}(K_2)$	4.44
23	顺丁烯二酸(马来酸)	$HOCOCH=CHCOOH$	$1.2\times10^{-2}(K_1)$	1.92
			$5.9\times10^{-7}(K_2)$	6.23
24	酒石酸	$HOCOCH(OH)CH(OH)COOH$	$1.04\times10^{-3}(K_1)$	2.98
			$4.55\times10^{-5}(K_2)$	4.34
25	正戊酸	$CH_3(CH_2)_3COOH$	1.4×10^{-5}	4.86
26	异戊酸	$(CH_3)_2CHCH_2COOH$	1.67×10^{-5}	4.78
27	2-戊烯酸	$CH_3CH_2CH=CHCOOH$	2.0×10^{-5}	4.70
28	3-戊烯酸	$CH_3CH=CHCH_2COOH$	3.0×10^{-5}	4.52
29	4-戊烯酸	$CH_2=CHCH_2CH_2COOH$	2.10×10^{-5}	4.677
30	戊二酸	$HOCO(CH_2)_3COOH$	$1.7\times10^{-4}(K_1)$	3.77
			$8.3\times10^{-7}(K_2)$	6.08
31	谷氨酸	$HOCOCH_2CH_2CH(NH_2)COOH$	$7.4\times10^{-3}(K_1)$	2.13
			$4.9\times10^{-5}(K_2)$	4.31
			$4.4\times10^{-10}(K_3)$	9.358

续表

序号	名称	化学式	K_a	pK_a
32	正己酸	$CH_3(CH_2)_4COOH$	1.39×10^{-5}	4.86
33	异己酸	$(CH_3)_2CH(CH_2)_3—COOH$	1.43×10^{-5}	4.85
34	(*E*)-2-己烯酸	$H(CH_2)_3CH=CHCOOH$	1.8×10^{-5}	4.74
35	(*E*)-3-己烯酸	$CH_3CH_2CH=CHCH_2COOH$	1.9×10^{-5}	4.72
36	己二酸	$HOCOCH_2CH_2CH_2CH_2COOH$	$3.8\times10^{-5}(K_1)$	4.42
			$3.9\times10^{-6}(K_2)$	5.41
37	柠檬酸	$HOCOCH_2C(OH)(COOH)CH_2COOH$	$7.4\times10^{-4}(K_1)$	3.13
			$1.7\times10^{-5}(K_2)$	4.76
			$4.0\times10^{-7}(K_3)$	6.40
38	苯　酚	C_6H_5OH	1.1×10^{-10}	9.96
39	邻苯二酚	$(o)C_6H_4(OH)_2$	3.6×10^{-10}	9.45
			1.6×10^{-13}	12.8
40	间苯二酚	$(m)C_6H_4(OH)_2$	$3.6\times10^{-10}(K_1)$	9.30
			$8.71\times10^{-12}(K_2)$	11.06
41	对苯二酚	$(p)C_6H_4(OH)_2$	1.1×10^{-10}	9.96
42	2,4,6-三硝基苯酚	$2,4,6\text{-}(NO_2)_3C_6H_2OH$	5.1×10^{-1}	0.29
43	葡萄糖酸	$CH_2OH(CHOH)_4COOH$	1.4×10^{-4}	3.86
44	苯甲酸	C_6H_5COOH	6.3×10^{-5}	4.20
45	水杨酸	$C_6H_4(OH)COOH$	$1.05\times10^{-3}(K_1)$	2.98
			$4.17\times10^{-13}(K_2)$	12.38
46	邻硝基苯甲酸	$(o)NO_2C_6H_4COOH$	6.6×10^{-3}	2.18
47	间硝基苯甲酸	$(m)NO_2C_6H_4COOH$	3.5×10^{-4}	3.46
48	对硝基苯甲酸	$(p)NO_2C_6H_4COOH$	3.6×10^{-4}	3.44
49	邻苯二甲酸	$(o)C_6H_4(COOH)_2$	$1.1\times10^{-3}(K_1)$	2.96
			$4.0\times10^{-6}(K_2)$	5.40
50	间苯二甲酸	$(m)C_6H_4(COOH)_2$	$2.4\times10^{-4}(K_1)$	3.62
			$2.5\times10^{-5}(K_2)$	4.60
51	对苯二甲酸	$(p)C_6H_4(COOH)_2$	$2.9\times10^{-4}(K_1)$	3.54
			$3.5\times10^{-5}(K_2)$	4.46
52	1,3,5-苯三甲酸	$C_6H_3(COOH)_3$	$7.6\times10^{-3}(K_1)$	2.12
			$7.9\times10^{-5}(K_2)$	4.10

参 考 文 献

[1] 朱善农. 高分子材料的剖析. 北京：科学出版社，1988.

[2] 杨秀英. 高分子材料的鉴别与应用. 黑龙江：哈尔滨工程大学出版社，2008.

[3] 程晓敏，史初例. 高分子材料导论. 安徽：安徽大学出版社，2006.

[4] 任鑫. 高分子材料分析技术. 北京：北京大学出版社，2012.

[5] 付丽丽. 高分子材料分析检测技术. 北京：化学工业出版社，2017.

[6] 王正熙. 高分子材料剖析实用手册. 北京：化学工业出版社，2016.

[7] 桑永. 塑料材料与配方. 北京：化学工业出版社，2011.

[8] 蔡明招. 分析化学. 北京：化学工业出版社，2009.

[9] 张德庆，张东兴. 高分子材料科学导论. 黑龙江：哈尔滨工业大学，1999.

[10] 崔凌峰，熊玉竹，李鑫，等. 改性白炭黑在天然橡胶中的分散性及防老作用. 高分子材料科学与工程，2007，33（11）：125-132.

[11] 陈宇，郑玉婴，曹宁宁，等. 功能化石墨烯纳米带-纳米碳纤维/热塑性聚氨酯薄膜的制备及性能. 高分子材料科学与工程，2016，32（10）：125-132.

[12] 盛沈俊，王昉，牛玉芳. 微孔聚L-乳酸（PLLA）的扫描电镜分析与红外光谱分析. 化学世界，2013，54（12）：710-713.

[13] GB/T 34247. 1—2017. 异丁烯-异戊二烯橡胶（IIR）不饱和度的测定　第1部分：碘量法.

[14] GB/T 9872—1998. 氧瓶燃烧法测定橡胶和橡胶制品中的溴和氯的含量.

[15] GB/T 19281—2014. 碳酸钙分析方法.

[16] GB/T 11201—2002. 橡胶中铁含量的测定　原子吸收光谱法.

[17] GB/T 9104—2008. 工业硬脂酸试验方法.